# 推荐序

本书以 DeepSeek 为灵感引擎，全方位展现了 DeepSeek 在不同领域的强大赋能作用。DeepSeek 不仅是一个技术工具，更是一位智慧伙伴，帮助用户突破限制，释放潜力，开启高效、创新的工作与创作之旅。翻开本书，读者不仅是在学习技术知识，更是在解锁人类与机器协同的智慧密码，使机器成为提升创造力和效率的强大工具，从而开启人机协作的无限可能。

—— 像素绽放 PixelBloom 创始人兼 CEO　赵充

本书内容翔实，涵盖多元应用场景，紧密贴合实践需求。对于渴望借助 AI 激发创意潜能、提升工作效率的读者来说，它不仅是一本极具实用价值的操作指南，更是一把开启智能工作新模式的金钥匙。

—— 武汉大学数据新闻研究中心主任兼副教授、
“爱图表”创始人　王琼

本书专为 AI 爱好者和创意工作者量身定制，极具实用价值。书中通过大量案例和详细的操作步骤，深入浅出地讲解了 DeepSeek 的应用技巧，是希望借助 AI 提升工作效率的读者的实用参考书。

—— 厦门大学信息学院教授、中国人工智能学会中小学工作
委员会委员、AI 技术赋能师　赖永炫

在 AI 技术赋能各行各业的当下，本书是 DeepSeek 落地实践的指南。书中介绍了 DeepSeek 在多样化场景中的应用，详细地讲解了 DeepSeek 在自媒体创作、日常办公及市场营销等中所起的重要作用。通过丰富的实战案例与翔实的操作解析，本书为读者学习使用 DeepSeek 提供了极具实用性的指导，助力其全面提升工作效率，在智能化浪潮中抢占先机。

—— 中国人民大学高瓴人工智能学院教授　赵鑫

如果你不熟悉 DeepSeek，那么创意可能只是你灵光乍现和天马行空的产物，就像猪八戒踩西瓜，走到哪划到哪，一切看天意。但如果你懂得如何使用 DeepSeek，那么创意就会像荷叶上滚动的珍珠，有序地排列着，等待你细心地串起来。

DeepSeek 能够打破天赋与资质的限制，它就像一个多功能的工具箱，只要提示词正确，DeepSeek 就能满足你的各种需求。跟随书中的指导，从了解概念到动手实践，你将体验到“一览群书小，指尖出创意，步步出新机”的畅快。

—— 潮宏基集团商学院项目经理　张秀玲

# 前言

## 写作背景

在人工智能技术飞速发展的时代，DeepSeek 作为一款国产自主研发的高性能 AI 模型，正在悄然改变我们的工作、学习和生活方式。无论是编程开发还是文案创作，图像处理还是视频生成，DeepSeek 都能提供智能且高效的解决方案。面对市场上琳琅满目的 DeepSeek 相关资料，如何挑选一本具备系统性与实用性的指南，成了众多读者关注的焦点。本书应运而生，它不仅是一本 DeepSeek 的使用手册，更是一个系统、全面、深入且具有实操性的实践与应用指南。

## 本书内容

本书共分为 3 篇，基础认知篇（第 1 ～ 3 章）介绍 DeepSeek 的核心功能、使用方法，以及与 DeepSeek 的对话技巧；开发实战篇（第 4 ～ 5 章）介绍 DeepSeek API 的申请和使用，以及 DeepSeek 部署；高能应用篇（第 6 ～ 8 章）介绍 DeepSeek 在多媒体生成、办公软件、智能助手方面的高能应用。全书内容也可按照难度分为入门、进阶、高阶 3 个部分。其中，入门部分（第 1 ～ 2 章）适合初次接触 DeepSeek 的读者，进阶部分（第 3、6、7 章）适合已有一定使用经验，想要学习高效使用技巧的读者，高阶部分（第 4、5、8 章）适合追求技术深度或定制化部署的读者。

以下是各章的主要内容和难度解析。

- 第 1 章：DeepSeek 核心能力全景图

主要内容：纯文本交互、知识推理、长文本处理等核心功能介绍。

难度解析：聚焦基础概念和能力，帮助读者快速了解 DeepSeek。

- 第 2 章：如何使用 DeepSeek

主要内容：DeepSeek 官网及普通用户与开发者入口介绍，网页端的核心功能，以及手机端安装方法。

难度解析：以操作指南为主，适合零基础读者掌握 DeepSeek 的入门操作。

- 第 3 章：与 AI 高效对话的核心技巧

主要内容：提示词的基本概念、新手与 AI 对话的常见误区、构建优质提示词的原则、设计提示词的进阶技巧与实战演练等。

难度解析：从基础交流升级到精细化对话，引导读者更好地挖掘 DeepSeek 的潜力。

- 第 4 章：DeepSeek API 的申请和使用

主要内容：如何获取 API 密钥、Python 等多种编程语言的 API 调用示例等。

难度解析：偏技术，需要一定编程基础。

- 第 5 章：DeepSeek 部署

主要内容：云部署、本地部署、Ollama 的安装与配置、接入第三方对话工具等。

难度解析：涉及环境配置、命令行操作和模型优化，需要读者对计算机和环境配置有一定了解。

- 第 6 章：DeepSeek + 多媒体生成

主要内容：与 Suno、即梦 AI、可灵 AI 等平台结合使用，生成歌曲、图片、视频等多模态内容。

难度解析：需要读者对提示词与多模态任务有一定了解，但书

中的操作流程直观，没有基础的读者也可以顺利阅读。

- 第 7 章：DeepSeek + 办公软件

主要内容：DeepSeek 结合 Word、PPT、Excel 等在办公场景中的应用示例，以及快速整理思维导图等。

难度解析：对职场人而言上手会较为顺畅，但需要一定的实践与思考才能获得更好的效益。

- 第 8 章：DeepSeek + 智能助手

主要内容：DeepSeek 集成 Chatbox 工具，构建飞书、微信、PyCharm 等多平台对话机器人。

难度解析：本章综合运用提示词优化、DeepSeek 部署及 API 调用等多章的知识，对读者能力要求较高，适合想要打造个性化智能助手的高阶玩家阅读。

## 本书特色

本书的特色主要体现在以下几个方面。

- 从入门到精通，全方位指引。本书为读者提供了从入门到精通的全方位指引，系统全面地涵盖了 DeepSeek 的安装部署、提示词设计、API 调用、各种高能应用等多方面内容，确保不同层次的读者都能在书中找到适合自己的学习路径。
- 理论与实践相结合，实用性强。本书理论与实践并重，各章均提供了详细的方法介绍与案例详解，使读者能够迅速将所学知识应用到实际项目中，帮助读者快速提升技能。
- 前瞻性与易理解性结合，引领 AI 未来。本书不仅关注当前常用的技术，还探讨了 AI 在图像、视频、音乐等领域的应用，同时采用分步骤、分场景的形式讲解操作流程，降低了上手难度，让读者在掌握基础操作的同时，也能展望更多创新可能。

## 读者对象

本书适合对 DeepSeek 感兴趣的读者阅读，包括但不限于以下几类群体。

- 初学者：如果你想尽快上手 DeepSeek，本书将带你了解 DeepSeek 基础操作和应用场景。
- 职场人士：如果你希望利用 DeepSeek 提升工作效率，本书能帮助你更好地使用提示词。
- 技术爱好者：如果你对编程、API 调用、本地或云部署等实战感兴趣，本书可以为你提供详尽的部署模型的方法。
- 创意工作者：如果你需要将 AI 创意方案落实到图像、视频、音乐等多种内容形式，本书将为你提供实用的指导和案例。

无论你是初次接触 DeepSeek，还是已有一定实战经验，都能在本书中找到合适的知识点与应用思路。

## 寄语

深度理解、灵活应用，让 AI 成为你工作与生活的得力助手。让我们共同开启 DeepSeek 的探索之旅，感受它给各领域带来的非凡价值！

# 目 录

第一篇

# 基础认知篇

# 第 1 章 DeepSeek 核心能力全景图

2025 年年初，DeepSeek“刷爆”各大社交媒体，这款由杭州深度求索人工智能基础技术研究有限公司研发的先进的 AI 大模型凭借卓越的自然语言处理能力和高度定制化功能，迅速引起全球关注。无论是文本生成、语言翻译还是问题解答，DeepSeek 均以出色的效率和精准度在各领域中大放异彩，成为推动行业创新和提升工作效率的强大工具。

本章将深入探索 DeepSeek 的三大核心能力的运作奥秘：从纯文本交互能力，到媲美专家的知识推理，再到长文本处理能力——每一项能力都如同精密齿轮，共同驱动着智能服务的革命性突破。

## 1.1 纯文本交互能力解析：AI 的“语言魔法”

虽然 DeepSeek 并不具备多模态交互能力，但是其核心优势在于对纯文本数据的深度理解与高效生成。DeepSeek 专注于自然语言处理，能够精准捕捉文本中的关键信息，理解上下文语境，并输出逻辑严密、条理清晰的回答。通过大规模预训练模型和先进的深度

学习算法，DeepSeek 实现了文本输入到智能输出的高效转换，为用户带来了宛如“语言魔法”般的体验。

### 1.1.1 什么是纯文本交互？

纯文本交互意味着 DeepSeek 仅依靠文字信息进行输入与输出。想象一下，这就像与一位知识渊博、表达力强的专家对话——无论是撰写文章、翻译语言还是解答疑问，DeepSeek 都能通过精细的文本解析和逻辑推理，提供准确且富有深度的回答，无须借助图像或音频等其他信息载体。

### 1.1.2 你可以这样使用它

你可以让 DeepSeek 介绍一下自己，图 1-1 展示了节选的对话界面。

介绍一下DeepSeek

已搜索到 49 个网页 >

DeepSeek（杭州深度求索人工智能基础技术研究有限公司）是一家专注于开发先进大语言模型（LLM）及相关技术的创新型科技公司，成立于2023年7月17日，总部位于杭州市拱墅区。该公司由量化私募巨头幻方量化支持，致力于推动人工智能技术的创新与应用，尤其在自然语言处理、代码生成、数学推理等领域表现突出 3 4 21。

核心技术与产品

1. 技术架构

DeepSeek基于深度学习和多模态数据融合技术，采用Transformer架构和

图 1-1 对话界面节选

DeepSeek 的详细使用方法见第 2 章。DeepSeek 在纯文本处理方面主要依靠以下技术。

- 深度语义理解：通过对句子结构和上下文的深入解析，实现精确的信息提取。

- 上下文关联建模：确保回答逻辑的连贯性，并能根据前后文动态调整回答内容。
- 大规模知识图谱支持：整合海量的文本知识库，确保输出内容的准确性和实用性。

专注于文本交互的 DeepSeek 展现了卓越的语言理解与生成能力，为各类文字处理任务提供了强大且精准的技术支持。

## 1.2 知识推理技术优势：AI 的“超级大脑”

知识推理技术作为 AI 核心竞争力的体现，融合了数据挖掘、跨领域整合、自动推理与持续自我优化等多方面优势，构建了一个名副其实的“超级大脑”。这一系统不仅在理论上突破了传统计算的限制，更在实际应用中展现出巨大的商业价值和社会效益，指引着未来智能化时代的发展方向。

### 1.2.1 什么是知识推理？

知识推理技术赋予了 AI “侦探思维”，让它能像人类一样，通过已有信息推导出新的结论。例如，如果被告知“昨天下雨且小明没带伞”，AI 就能推断出“小明的衣服可能被淋湿了”。这种能力让 AI 不再只是一个复读机，而是一个真正的思考者。

### 1.2.2 你可以这样使用它

当你想了解身体不适的原因时，DeepSeek 可以给出适当的建议。

**输入提示词：**

症状描述 =“最近三天饭后胃痛，喝了牛奶更严重”
体检报告 .pdf # 包含幽门螺杆菌阴性报告
饮食记录 .xlsx # 显示近期乳制品摄入量增加

DeepSeek 回复：

可能原因分析：

- 乳糖不耐受（可能性 75%）。

  匹配点：喝牛奶后症状加剧。

  排除项：幽门螺杆菌检测呈阴性。

- 功能性消化不良（可能性 20%）。

建议行动：

☑ 暂停摄入乳制品，观察 3 天。

☑ 记录症状变化，生成对比图表。

这里仅是合理化建议，若有不适，建议找医生作进一步诊断。

## 1.3 长文本处理专项能力：AI 的“图书馆管理员”

类似于传统图书馆管理员对图书进行归档整理，AI 能够对长篇文档进行分段、标注和索引，帮助用户在海量数据中快速定位所需信息。无论是学术论文、法律文件还是新闻报道，AI 都能精确地对内容进行分类，并构建出层次分明的知识体系。

### 1.3.1 什么是长文本处理?

长文本处理能力可以让 AI 像专业的图书馆管理员一样，快速整理和分析超长内容。无论是 20 万字的小说，还是 300 页的法律合同，DeepSeek 都能迅速锁定关键信息。例如，它可以在 3 分钟内完成以下任务：精读整本《战争与和平》、自动标注主要人物的出场章节，以及梳理复杂的人物关系图谱等。

### 1.3.2 你可以这样使用它

当研究生需要快速掌握某个领域的研究进展时，可以这样使用 DeepSeek。

**输入提示词:**

上传文件 =“50 篇人工智能伦理论文合集 .pdf”

核心需求 =“请总结关于 AI 监管的争议焦点”

**DeepSeek 回复:**

**1. 数据隐私**

- 支持方：87% 的论文提到监管必要性（引用论文 #3,12,29）。
- 反对方：担心阻碍技术创新（论文 #5 实验数据）。

**2. 算法透明度：涉及……（此处省略）**

（可自动生成参考文献目录）

# 第 2 章 如何使用 DeepSeek

作为通往智能世界的入口，DeepSeek 的官网提供了直观的操作界面。本章将带读者全面探索平台的功能布局，从零开始学习对话、文件处理、深度思考等核心功能的使用技巧，确保即使是初次接触 AI 的用户也能在短时间内成为一名熟练的操作者。

## 2.1 官网访问与基础准备

DeepSeek 官网（见图 2–1）采用极简设计风格，首页清爽的蓝白配色营造出专业的科技氛围。建议首次访问时使用 Chrome、Firefox 或 Edge 等主流浏览器，这些浏览器能完美支持文件上传、实时预览等高级功能。页面右上角的语言切换按钮可一键将界面转换为英文模式，以满足国际用户的需求。

官网首页的核心区域设有两个入口，以满足不同用户群体的核心需求。

图 2-1 DeepSeek 官网

普通用户入口（见图 2-1“开始对话”按钮）位于页面中央的醒目位置。

开发者入口位于页面顶部导航栏，单击“API 开放平台”即可跳转至开发者控制台。

## 2.2 网页端核心功能解析

DeepSeek 网页端的核心界面主要由导航栏（左侧）和输入框组成，如图 2-2 所示。

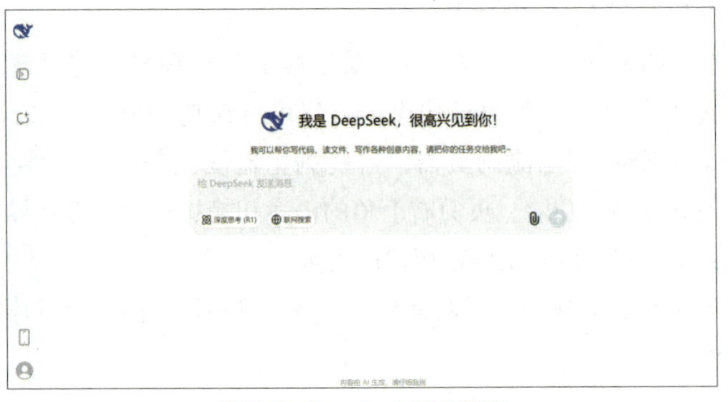


图 2-2 DeepSeek 核心界面

DeepSeek 的导航栏（见图 2-3）集成了多项实用功能，为用户提供便捷的对话管理体验。首先，它完整地记录了所有历史对话，用户可随时查阅过往的交流内容，并可根据需要删除特定的对话，以保持界面整洁有序。其次，系统支持对话主题的自定义重命名功能，例如，用户可将某次对话重命名为“DeepSeek 模型介绍”，以便后续快速定位和管理。再次，导航栏还实时显示用户的登录状态，并集成了账户管理功能，包括登出所有设备、删除所有对话和注销账号等选项，使用户能够随时对账户进行个性化设置和管理。这些功能的有机结合，显著提升了用户的操作效率和体验。

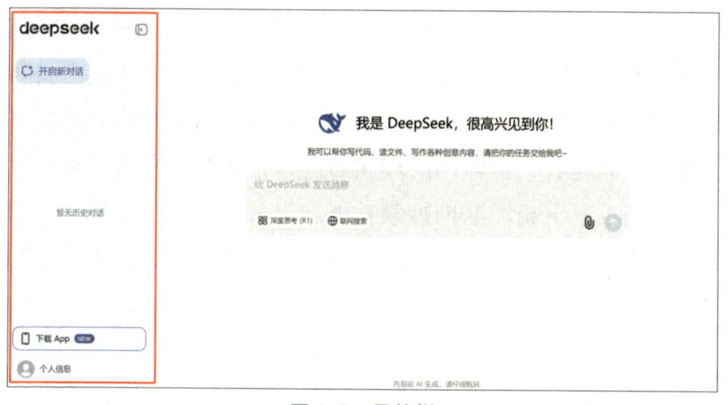


图 2-3　导航栏

对话输入框（见图 2-4）作为用户与 DeepSeek 智能系统互动的核心界面，提供了一个直观且便捷的交流平台。在这里，用户可以自由地输入各种查询需求，无论是寻求专业知识的解答、获取实时信息，还是提出复杂的分析请求，系统都能快速响应。同时，其友好的界面设计和流畅的输入体验确保了每一次对话都是一次愉悦的知识探索之旅。通过这个窗口，用户可以与 DeepSeek 进行深入对话，并获得精准、专业的个性化服务。

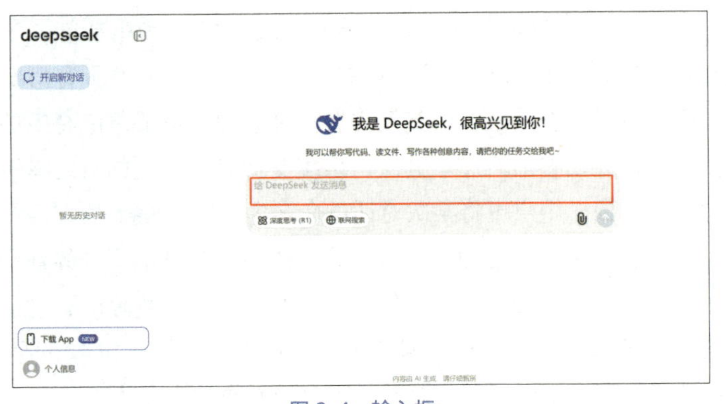


图 2-4 输入框

输入框底部的功能按钮组构成了智能交互的核心控制台。表 2-1 简要介绍了 DeepSeek 的交互功能。附件上传功能支持批量处理最多 50 个文件。启用深度思考模式后，处理专利分析任务时响应时间略有延长，但输出的侵权风险评估报告将包含详细的案例引用与法条关联分析。联网搜索功能通过智能过滤机制确保信息的可靠性，在查询最新医疗政策时，系统会优先展示来自卫生健康委官网的权威解读。

表 2-1 DeepSeek 的交互功能

| 按钮名称 | 功能说明 | 使用技巧 |
| --- | --- | --- |
| 附件上传 | 支持批量处理 50 个文件 | 批量上传多个文件 |
| 深度思考 深度思考 (R1) | 启用 R1 增强模型 | 处理法律条款时建议开启 |
| 联网搜索 联网搜索 | 实时信息获取 | 开启后自动生成检索策略 |

## 2.3 手机端安装 DeepSeek

在手机上使用 DeepSeek，用户需要先下载并安装应用程序。根据用户的设备类型，选择通过应用商店或者官方网站进行安装。

对于应用商店安装方式，Android 用户可以在 Google Play Store 或者其他应用商店中搜索“DeepSeek”，找到由杭州深度求索公司开发的应用后，如图 2-5 所示，点击“安装”按钮即可进行下载与安装。iOS 用户则可以在 App Store 中搜索“DeepSeek”，如图 2-6 所示，点击“获取”，然后等待安装完成。

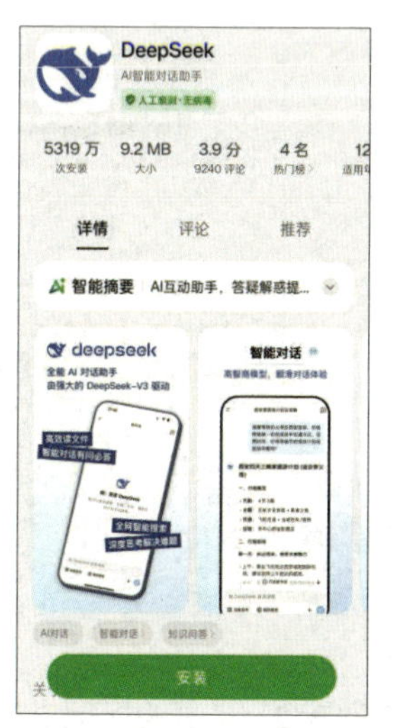


图 2-5　Android 用户界面

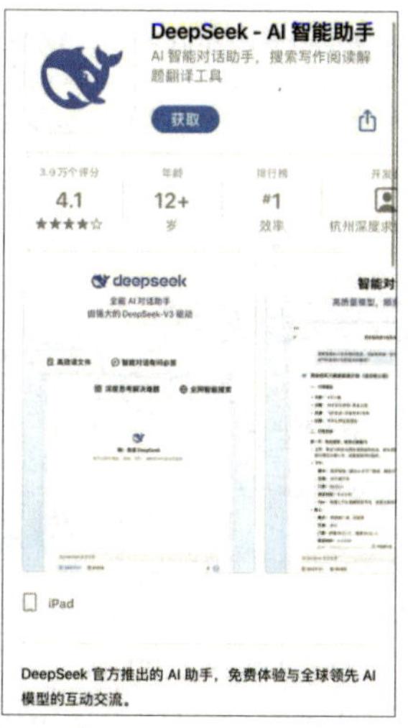


图 2-6　iOS 用户界面

如图 2-7 所示，用户还可以直接打开 DeepSeek 的官网，单击页面中的“获取手机 App”选项，扫描弹出的二维码，并根据自己手机的操作系统选择下载对应版本的 DeepSeek。

图 2-7　官网获取 App 界面

安装完成后，打开手机桌面上的 DeepSeek 应用，DeepSeek 的登录界面如图 2–8 所示。用户可以通过输入手机号并使用短信验证码进行登录。登录成功后的界面如图 2–9 所示。在该界面中点击“开启对话”，即可进入 DeepSeek 对话界面，如图 2–10 所示。

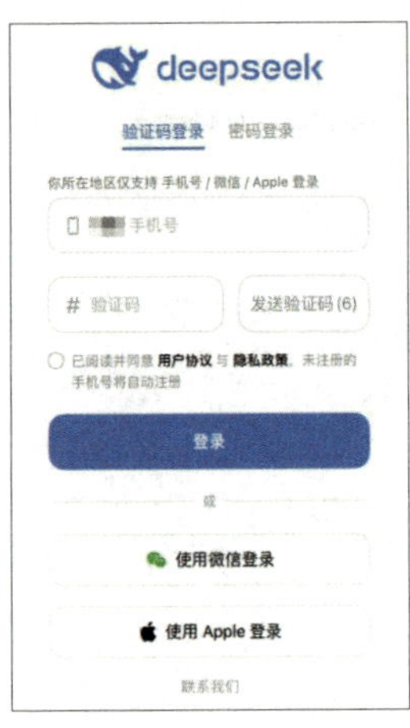


图 2–8 登录界面

图 2–9 登录成功后的界面

图 2–10 对话界面

在 DeepSeek 对话界面的输入框（见图 2–10 中的标记 1 处）输入相应内容，即可开启与 DeepSeek 的对话。手机端的功能与 2.2 节中描述的网页端功能相同，此处不再赘述。

# 第 3 章

# 与 AI 高效对话的核心技巧

本章将系统地阐述与 AI 进行高效对话的核心技巧，旨在帮助读者掌握提升交互质量的关键方法。通过具体示例的对比分析，我们将深入探讨如何规避指令模糊、背景信息不足以及任务设定过于宽泛等常见问题，并提出相应的优化措施。掌握本章介绍的对话技巧，将显著提高读者在职场、学习和日常生活中应用 AI 的效率。

## 3.1 什么是提示词

提示词（Prompt）就像是给 AI 的“任务说明书”，它是引导 AI 理解需求并生成理想回答的关键指令。就像在教小朋友画画时需要给出简单而明确的指导（例如：“画一只小狗在草地上追蝴蝶”），有效的提示词能够帮助 AI 准确捕捉到用户的意图。例如：

- 模糊的提示词：“写一首诗。”
- 有效的提示词：“请创作一首五言绝句，主题为秋夜思乡，诗中需包含明月、孤雁、烛火 3 个意象。”

使用前者可能会得到风格随机且普通的诗句，而使用后者则能

产出符合特定要求的诗歌。提示词的质量直接影响 AI 输出的专业性和准确度。通过针对性地优化提示词，可以显著提高模型输出的相关性，增幅可达 50% 以上。

## 3.2 新手最常踩的 3 个坑

### 1. 指令模糊

当我们向 AI 发出指令时，如果仅说“带我去个好玩的地方”，这就像是对出租车司机说了一句含糊不清的话。司机很难确定什么样的地方才能满足你的期望。正确的提问方式应当更加明确、具体。举个例子。

**输入提示词：**

我想去适合带孩子玩的免费公园，车程 20 分钟以内的。

这样详细的描述不仅向 AI 传达了你的具体需求，还为回应提供了清晰的指导，从而显著提升了结果的准确性和实用性。

### 2. 背景信息不足

有时，我们可能会忘记向 AI 提供必要的背景信息，期待它能自行推测出我们的身份和需求。然而，缺少背景信息往往会导致回答与实际情况不符。正确的做法是在提问之初就明确地说明自己的身份和所处的情境。举个例子：

**输入提示词：.**

我是一名刚入职的会计，需要……

提供详细的背景信息，可以使 AI 更准确地理解上下文，进而给出更符合实际需求的答案。

### 3. 任务设定过于宽泛

若不向 AI 明确指定格式、长度或风格的具体要求，它可能会任意发挥，导致生成的回答不符合你的期望。正确的提问方式是，明确指出所需的表述方式和结构。举个例子。

 **输入提示词：**

用小学生能懂的比喻，分 3 点解释区块链。

这种提问方式不仅规定了回答的难易程度，还对输出内容的结构提出了明确要求，确保了生成的内容既清晰易懂，又有条理。

## 3.3 构建优质提示词的基本原则

AI 就像一位才华横溢的员工，需要你这位“主管”提供明确的工作指导。本节将通过模板展示和案例对比，指导你掌握与 AI 高效协作的关键方法，助你精通这项未来必备的“人机沟通技能”。构建优质提示词的基本原则如下：

**好的提示词 = 明确目标 + 提供背景 + 约束输出**

### 1. 明确目标

模糊的提问：“请撰写一篇关于环保的文章。”

具体化的提问：“请以高中生的视角，撰写一篇 800 字的议论文，主题为‘垃圾分类对城市环保的重要性’，文章需包含 3 个具体案例分析。”

### 2. 提供背景

提供上下文以帮助模型理解场景：“假设您是一位经验丰富的营养师，请为糖尿病患者设计一份为期一周的早餐食谱，并标注每餐的热量以及升糖指数。”

### 3. 约束输出

限定结果范围：“请用 3 句话简述量子力学，尽量不使用专业词汇，并用易于小学生理解的比喻来说明。”

## 3.4 提示词万能公式（新手可直接套用）

新手可直接套用的提示词万能公式——“角色 – 任务 – 背景 – 要求”。

**角色**：你是一名___（如：历史老师 / 程序员 / 小说编辑）

**任务**：我需要你完成___（如：解释概念 / 生成文案 / 修改代码）

**背景**：___（如：目标读者是老年人 / 用于学术论文 / 需要符合某平台风格）

**要求**

- 输出格式：___（如：分点列表 /Markdown 表格 /500 字以内）
- 注意事项：___（如：避免使用专业术语 / 引用 2025 年数据）

结合上述公式，表 3–1 对撰写短视频销售文案的提示词进行了结构化分析。

表 3–1 撰写短视频销售文案的提示词结构化分析

| 模块名称 | 填写内容示例 | 作用说明 |
| --- | --- | --- |
| 角色设定 | 你是一位精通短视频运营的抖音头部创作者 | 定义 AI 的专业领域和身份 |
| 核心任务 | 为新款运动耳机设计 2 条爆款文案 | 明确核心产出目标 |
| 背景信息 | 目标用户：18 ～ 24 岁的大学生；产品特点：降噪、超长续航 | 提供决策依据 |
| 具体要求 | 1. 每条文案含 1 个热门话题；<br>2. 添加口号或标语；<br>3. 包含对用户需求痛点的描述 | 细化质量要求 |
| 格式规范 | 采用“痛点引入 + 产品解决 + 效果承诺”三段式结构 | 控制输出形式 |

在学习了“角色 – 任务 – 背景 – 要求”这一框架之后，我们就能对任何提示词进行有效优化。例如，将“给我一份早餐食谱”优化为“你是有 10 年相关经验的营养师，请帮我给 60 岁牙口不好的糖尿病患者，设计一周的早餐食谱，要求：1. 要标注每餐的热量和升糖指数；2. 食材要能在菜市场买到；3. 食谱周一到周五不重样”。

表 3–2 展示了对设计早餐食谱提示词的优化分析。

表 3–2 对设计早餐食谱提示词的优化分析

| 公式 | 优化后的内容 |
| --- | --- |
| 角色 | 你是有 10 年相关经验的营养师 |
| 任务 | 设计一周的早餐食谱 |
| 背景 | 给 60 岁牙口不好的糖尿病患者 |
| 要求 | 1. 标注每餐的热量和升糖指数；<br>2. 食材要能在菜市场买到；<br>3. 食谱周一到周五不重样 |

## 3.5 常见问题诊断及优化

为何相同的提示词在不同的场景下会导致 AI 输出截然不同的结果？本节将围绕这一疑问进行探讨，深入分析提示词设计过程中常见的五大典型问题，并为每个问题提出切实可行的优化方法。此外，本节还提供了快速自查清单。

### 3.5.1 常见问题

提示词设计不当可能会导致输出结果偏离预期，表 3–3 展示了五大典型问题及其优化方法。

表 3–3 五大典型问题及其优化方法

| 典型问题 | 问题诊断 | 优化方法 | 对比案例 |
| --- | --- | --- | --- |
| 回答过于笼统 | 提问范围过大或缺乏具体限定条件 | 添加具体场景、目标、限制条件 | 错误示范：“如何学习编程？”<br>正确示范：“作为零基础学习者，想通过每天 1 小时碎片化时间掌握 Python 基础语法，请给出 3 个月的分阶段学习计划（需包含学习资源推荐）” |

续表

| 典型问题 | 问题诊断 | 优化方法 | 对比案例 |
| --- | --- | --- | --- |
| 回答过长或过短 | 未明确要求回答长度 | 指定字数或段落数 | 错误示范：“简述量子计算原理”<br>正确示范：“请用300字解释量子计算的基本原理，要求包含核心概念、与传统计算的区别，并给出1个实际应用案例” |
| 回答逻辑混乱或重复 | 复杂问题未分步拆解 | 采用分步提问或要求结构化输出 | 错误示范：“如何从零开始创业？需要做哪些准备？会遇到什么困难？”<br>正确示范：“请分3个部分说明筹备初创企业的要点：1. 筹备阶段（资金、团队、资质）2. 常见风险（按概率排序）3. 关键实施步骤（时间轴形式）” |
| 回答格式不符合要求 | 未明确格式规范 | 指定输出格式，并给出示例模板 | 错误示范：“列出2024年全球十大科技事件”<br>正确示范：“请以表格形式，列举2024年全球十大科技事件，包含：排名 \| 事件名称 \| 所属领域 \| 影响力指数 \| 关键影响说明（50字内）” |
| 回答缺乏深度或创意 | 问题过于基础或开放，未激发模型的推理能力 | 添加分析维度，并输入能激发创意的指令 | 错误示范：“给新手产品经理的建议”<br>正确示范：“请从用户心理学、技术可行性、商业变现3个维度，为3年以下工作经验的产品经理提出5条突破常规的创新方法论，要求结合2024年最新行业趋势” |

### 3.5.2　快速自查清单

为了提升输入提示词的质量，我们应当养成在每次提问前进行快速自查的习惯，并依次核对以下内容。

- 是否明确了背景信息？

- 是否清晰表达了核心需求？
- 是否对回答进行了约束，例如长度、格式、禁忌等。
- 是否已将抽象词汇具体化？表 3–4 展示了对抽象词汇优化后的具体化指令。

表 3–4 对抽象词汇优化后的具体化指令

| 抽象词汇 | 具体化指令 |
| --- | --- |
| 高级感 | 用黑金配色，多留白，字体用思源宋体 |
| 有趣 | 加入谐音梗和网络热梗，比如“香菇蓝瘦” |
| 专业 | 引用 2023 年 *Nature* 期刊数据，使用学术论文格式 |

- 是否将复杂任务拆分为小步骤？

应避免提出包含多个任务的冗长问题，这样可能会导致 AI 难以准确理解每个具体的需求。相反，建议使用清晰的序号来分隔各个任务。例如，可以按照以下方式表述：“请按照以下步骤完成任务：1. 概括文章的主要观点；2. 列出 5 个关键词；3. 提出 3 个讨论问题。”这种结构化的提问方法不仅有助于 AI 更好地理解每个独立的任务要求，还能确保得到的回答更加精确和全面。

## 3.6 提示词的进阶技巧

本节将介绍提示词的三大进阶技巧。这些技巧包括：渐进性对话技巧、激发 AI 深层能力的技巧以及避免 AI 幻觉的技巧。通过这三大技巧，我们可以从逐步深入问题核心到确保信息的真实性，全面提高与 AI 对话的质量。

### 3.6.1 渐进性对话技巧

我们常常会遇到 DeepSeek 回复内容过多，造成信息过载的情况。本节将介绍的 3 个方法可以帮助用户逐步缩小问题范围，既能在初始阶段促进思维的发散，又能在后续的细化过程中集中关注核

心议题，并在方案实施和假设验证阶段持续优化输出结果。

### 1. 分层递进提问法

分层递进提问法指的是在对话或问题解决过程中，从广泛和多角度的信息及思考方向开始，然后逐步筛选、过滤并缩小关注点，最终锁定核心问题。这种结构有助于有效避免信息过载，因为它在初期允许思维的发散，鼓励探索各种可能性，而在后续阶段，则通过逐层深入地提问，集中资源和精力解决最关键的问题。分层递进提问法可分为 4 轮，每一轮的关注点及示例如下。

#### 第一轮：开放探索

**输入提示词：**

我想开发一个教育类课程，有什么方向建议？

**DeepSeek 回复：**

建议考虑年龄分层（K12/成人教育）、技术形式（AR 交互/自适应学习）、内容载体（游戏化/短视频）等维度……

#### 第二轮：细化维度

**输入提示词：**

聚焦成人职业技能培训方向，列出当前市场需求前三的领域，需包含 2024 年招聘平台数据支撑，并给出数据引用源。

**DeepSeek 回复：**

根据 BOSS 直聘 2024 研究报告，需求增长率最高的领域为：1. AIGC 提示词工程师（+320%）；2. ESG 合规顾问（+180%）；3. 机器人流程自动化（RPA）……

#### 第三轮：方案落地

**输入提示词：**

针对 AIGC 培训方向，设计包含“理论 + 实操 + 认证”的三阶段

课程体系，每阶段需明确课时分配和评估方式。

**DeepSeek 回复：**

第一阶段（理论）……第二阶段（实操）……第三阶段（认证）……

#### 第四轮：通过“假设验证－修正”循环打磨 AI 答案

**输入提示词：**

按你建议的课程框架，第二阶段“实操应用”安排 20 课时是否足够？

**DeepSeek 回复：**

需考虑学员基础：若针对零基础者，建议增加 10 课时用于开发环境搭建……

**输入提示词：**

调整方案：前导课增加 4 课时用于学习 Linux 基础操作，项目案例改用“Stable Diffusion+LoRA 微调”。

**DeepSeek 回复：**

……

### 2. 风格定制训练法

风格定制训练法是通过连续的示范和调整来确保 AI 在回答问题时始终维持一种特定的语言风格。该方法可分为 3 轮，每一轮的关注点及示例如下。

#### 第一轮：提供示范

**输入提示词：**

用科研论文风格分析数据：2023 年 Q3 全国新能源汽车销量同比增长率。

#### 第二轮：强化记忆

**输入提示词：**

保持学术风格，分析同一时段的充电桩覆盖率。

#### 第三轮：风格迁移

**输入提示词：**

用类似方法解析 2023 年 Q3 我国新能源汽车出口数据。

### 3. 上下文维护法

上下文维护法可以保证对话始终连贯并聚焦于主题。该方法可分为 4 轮，每一轮的关注点及示例如下。

#### 第一轮：记忆强化

通过总结前几次对话的要点，为当前的讨论提供明确的背景信息。

**输入提示词：**

总结前 3 次对话的要点，并将其作为本次讨论的基础。

#### 第二轮：焦点锚定

当 AI 的回答偏离主题时，应引导模型重新聚焦于主线。

**输入提示词：**

让我们回到最初讨论的主题，即蛋白质折叠问题。请集中讨论 AlphaFold2 的局限性，暂时不要涉及其他技术路线的讨论。

#### 第三轮：版本声明

使用版本标签来区分和纠正错误，便于内容追溯，确保每次调整话题都有一个清晰的起点。

**输入提示词：**

我们现在开始对话的新版本 v2.0，将重点放在硬件选型方案上，不再考虑之前关于电源设计的讨论。

第四轮：动态修正

根据最新数据不断更新之前的回答，以保持信息的时效性。

**输入提示词：**

请根据最新提供的2024年行业白皮书数据，对之前的预测模型进行相应的调整。

#### 4. 终止对话判断法

优秀的AI对话者与普通用户的关键区别在于，他们能否识别AI对话中的“熵增临界点”，并且及时作出恰当的调整。一个重要的判断标准是：当维持上下文的成本超过开启新对话的成本时（通常发生在第7±2轮对话），应果断终止当前对话并开启新对话。表3–5展示了终止对话判断法的要点。

表3–5　终止对话判断法的要点

| 信号类型 | 典型表现 | 解决方案 |
| --- | --- | --- |
| 答案逻辑发散 | 连续2～3轮的回答偏离核心问题超过50% | 使用“焦点锚定”强制复位 |
| 答案数据污染 | 错误信息被多次引用，形成错误链条 | 清除部分上下文历史后，开启新对话并声明版本 |
| 答案性能衰减 | 响应速度下降30%且内容重复率升高 | 开启新对话并简化问题结构 |

### 3.6.2　激发AI深层能力的技巧

本节将探讨激发AI深层能力的技巧，包括角色设定、思维链引导和激发创新的指令。这些方法可以使AI在多轮对话中能够精确把握问题核心，逐步完善答案，从而为复杂任务提供更具针对性和创造性的解决方案。

#### 1. 角色设定

为AI指定特定的角色身份，可以使其在回答问题时展现出相

应的风格，从而超越基本的问答模式。以下提供了两个示例。

**输入提示词：**

你是一位拥有20年经验的机器学习工程师，正在指导研究生修改论文。请根据学术会议评审的标准，逐段分析附件中的第二章，重点关注理论上的漏洞和实验设计的不足。

**输入提示词：**

你是一位专注于解决人际关系问题的心理学家，同时具备极大的耐心和同情心。请帮我分析我与朋友之间的冲突，并提供一些建议。

### 2. 思维链引导

通过引导AI按照逻辑顺序逐步深入思考，可以有效提升分析的深度与详尽性。这种方法不仅能避免AI直接给出简单答案，还能减少因一次性处理复杂问题而可能产生的“认知偏差”。逐步引导AI的思维，能够确保每个思考步骤都经过严谨验证，从而增强整体分析的逻辑性与可靠性。实现这一技巧的方式包括：

- 明确指示AI从基础分析入手，先理清问题的核心，再逐步深入探讨其各个层面；
- 采用分阶段的引导方式，让AI在每一步的基础上拓展思路，确保最终回答的全面性与系统性。

以下提供了一个示例。

**输入提示词：**

请分析通货膨胀对经济的影响。首先，简述通货膨胀的定义，接着讨论它对消费者、企业和政府的影响，最后提出相应的应对策略。

### 3. 激发创新的指令

激发创新的指令能够引导AI突破传统思维框架，开启创新性思考。这种方法能够显著提升AI生成独特且富有创意的想法与解决方案的能力，尤其在设计、创作和战略规划等领域效果尤为突

出。实现这一技巧的方式包括：

- 鼓励 AI 打破常规，主动探索多样化的方案，或从不同视角审视问题，以激发更具突破性的灵感；
- 激励 AI 进行“假设性思考”，即在无明确限制的条件下展开创意探索，从而释放其潜在的想象力与创造力。

以下提供了两个示例。

**输入提示词：**

我需要一个创新的广告创意，目标是吸引年轻消费者。请提供5个截然不同的创意，每个创意都应具备独特的主题和表现手法。

**输入提示词：**

假设我们完全不受传统广告形式的束缚，请提出一个全新的广告创意，最好是具有颠覆性的，能够吸引全球观众的注意。

### 3.6.3 避免 AI 幻觉的技巧

AI 幻觉是指模型生成的内容表面上看似合理，但实际上是错误的，这种现象常见于专业领域，以及实时数据处理、精确数值计算以及长程逻辑推理等场景，通常发生在数据支持不足的情况下。我们可以通过结构化的提示来降低出现 AI 幻觉的概率。

#### 1. 来源追溯法

要求 AI 标注信息来源。以下提供了两个示例。

**输入提示词：**

所有数据均需标注来源，对于不确定的内容，请使用“据行业推测”进行表述。

**输入提示词：**

请按照以下格式回答：结论 + 数据来源机构 / 文献 + 发表年份。

要求 AI 对回答进行置信度标注。可参考如下示例。

**输入提示词：**

请在回答中对每个重要陈述标注可信度等级（A～D级）。参考标准如下：A. 多方权威来源验证；B. 单一可靠来源验证；C. 行业共识但未经独立验证；D. 基于未经验证的逻辑推导得出的结论。

### 2. 知识库调用法

通过上传和整合相关领域的知识库，用户能够为AI提供真实且精确的信息来源，使其在回答问题时能够更准确地理解上下文并生成高质量的内容。这种方法不仅能显著提升AI生成信息的可靠性与专业性，还能有效防止AI因缺乏数据支撑而产生“幻觉”或错误推断。通过调用这些经过验证的知识库，AI能够确保其提供的信息始终基于可信的来源，从而增强用户对AI输出的信任度。

（1）上传知识库。

知识库可以理解为与特定领域或主题相关的一组文档集合，其中包含详细的信息和可靠的数据来源。一旦上传知识库，DeepSeek在处理查询时将优先调用这些经过验证的数据，而非从网络上检索可能包含错误或不准确的信息。为了确保知识库的高效使用，在上传之前请注意以下两点。

- 选择资料来源：请选择可信赖且结构化的内容源进行上传。
- 格式化内容：确保上传的知识库内容符合DeepSeek的输入标准。DeepSeek支持多种文档和图片格式，每个知识库最多可包含50个文件，且每个文件的大小不超过100MB。

（2）基于知识库回答。

成功上传知识库后，你可以通过设定具体的提示词，指示AI从该知识库中提取信息。例如，假设你上传了《2024最新AI大模型白皮书》和《人工智能技术发展报告》两份文档，并希望AI基于这些资料回答“当前AI大模型的关键技术及应用前景”这一问题，那么你可以这样写提示词。

**输入提示词：**

作为 AI 大模型领域的专家，请根据我上传的知识库内容，阐述当前 AI 大模型的关键技术及其应用前景。对于知识库中未涵盖的内容，请回复“该内容超出当前知识库范围”。

#### 3. 错误修正法

当 AI 的回答中出现明显错误时，首先应明确指出错误所在，并在随后的提示词中进行纠正。例如，如果 AI 对问题的上下文理解有误或提供了不准确的信息，我们可以直接指示它重新审视问题并提供正确的答案。有时，AI 的回答仅部分存在错误，我们可以要求 AI 仅更正回答中的特定错误，随后要求它对整个答案进行重新构建。可参考如下示例。

**DeepSeek 回复：**

二次方程的解法只有代入法。

**输入提示词：**

事实上，二次方程的解法不仅包括代入法，还包括因式分解法、求根公式法等。请更正并提供完整的解法。

## 3.7 实战演练

你是一位经验丰富的旅游顾问，需帮助客户规划适合家庭出游的 3 天 2 夜行程。请分别写出每一轮的提示词，并简述你是如何利用渐进性对话技巧引导 AI 逐步聚焦并完善解决方案的。

第一轮提示：请让 AI 列出几个适合家庭出游的目的地。示例：“你是一位资深旅游顾问，请为一家三口推荐 3 个适合家庭出游的度假目的地，要求每个地点的描述包含主要景点和适宜家庭游玩的理由。”

第二轮提示：选定一个目的地后，要求 AI 提供详细的行程安排，包括每日行程、交通和餐饮建议。示例：“基于第一轮提示中你推荐的某目的地，请详细规划一份 3 天 2 夜的行程安排，需包含主要景点、交通方式和餐饮建议，要求信息详细且具有实用性。”

第三轮提示：在得到初步行程后，要求 AI 对该行程提出至少两个优化建议。示例：“请对刚才提供的 3 天 2 夜行程安排提出两项改进意见，要求考虑到家庭出游的舒适度和时间安排的合理性。”

第二篇

# 开发实战篇

# 第 4 章 DeepSeek API 的申请和使用

本章全面解析 DeepSeek API 的使用方法，从 API 密钥的申请与管理到基本参数配置，再到多种编程语言调用，每一环节都进行了系统化拆解。无论你是初涉编程领域的新手，还是具备丰富实战经验的资深开发者，本章都将为你提供一条清晰的进阶路径，以及高效开发技巧与优化方案，助你在 DeepSeek API 的开发与集成过程中游刃有余。

## 4.1 DeepSeek API 概述

API（Application Programming Interface，应用程序编程接口）是一组定义软件系统间如何交互的规则和协议。它允许不同的程序或服务之间共享数据和功能，从而实现系统间的无缝集成。API 就像是餐厅的服务员。你作为客人（程序），想点餐（有一些需求），你不能直接与后厨（API 提供方）沟通，而是通过服务员传递你的请求（API 请求）。服务员将你的请求告知后厨，并把菜品带回来给你（API 响应）。这样，你无须了解后厨具体的操作，只需要通过服务员简单地表达需求即可获得所需服务。

DeepSeek API 设计时充分考虑了与 OpenAI API 的兼容性，其 API 格式与 OpenAI 保持一致。这意味着使用者只需对现有配置进行微调，便可直接利用 OpenAI SDK 或任何与 OpenAI API 兼容的工具，无缝对接 DeepSeek API。

## 4.2 创建 DeepSeek API 密钥

API 密钥是访问 DeepSeek 服务的数字通行证，其核心价值体现在身份验证、权限控制和资源计量方面。API 密钥申请的流程如下。

（1）从 DeepSeek 官网首页进入“API 开放平台”，使用注册账号登录。若为企业用户，须先完成实名认证与权限申请操作。

（2）在图 4-1 所示的 API key 管理界面中，单击左侧的“API keys”选项，单击“创建 API key”按钮，然后在弹出的对话框中输入 API key 名称。

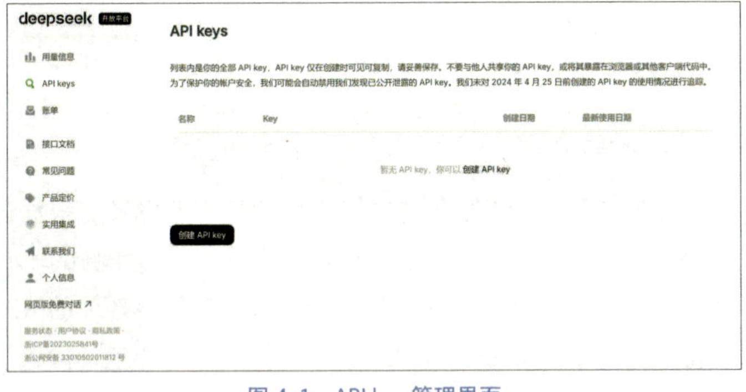


图 4-1　API key 管理界面

（3）单击“创建”按钮，生成 API 密钥，如图 4-2 所示。

请注意，API 密钥仅在创建时完整显示一次，DeepSeek 不提供二次查看功能。若密钥遗失，须立即注销并重新创建。为确保你的账户安全，请务必妥善保管你的 API 密钥，切勿与他人共享，或将其嵌入浏览器及客户端代码中，以免泄露。DeepSeek 设有自动

防护机制，一旦检测到 API 密钥被公开或泄露，系统将自动禁用该密钥，以最大程度保障你的账户安全。请始终保持警惕，避免密钥暴露。

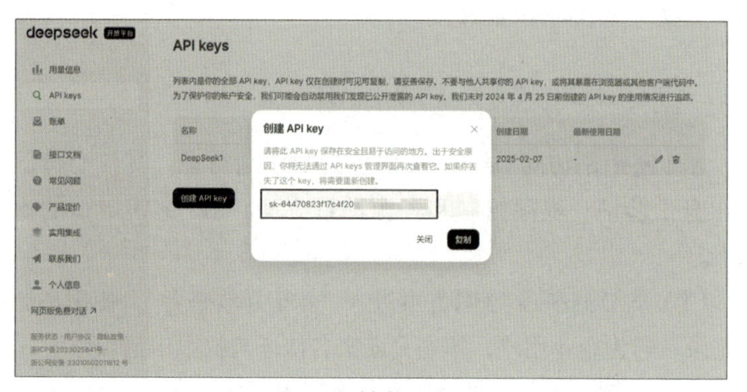


图 4-2 创建 API key

## 4.3 基本参数配置

DeepSeek API 的调用依赖于 3 个核心参数的精准配置，这些参数构成了服务连接的基石。

### 4.3.1 base_url

base_url 定义了 API 服务的网络入口地址，开发者需根据运行环境选择对应的端点。其中，运行环境分为生产环境和测试环境。

生产环境是实际运行应用时使用的环境，调用该环境的 API 接口时，使用的地址是 https://api.deepseek.com/v1。这个地址内置了负载均衡和自动容灾机制，适合处理高并发请求。

测试环境是开发调试时使用的环境，调用该环境的 API 接口时，使用的地址是 https://api.staging.deepseek.com/v1。测试环境提供请求日志回放和异常注入功能，便于开发者查找和解决问题。

值得注意的是，URL 中的 /v1 路径表示 API 协议版本，与模型版本无直接关联。

### 4.3.2 api_key

api_key 作为身份验证的核心凭证，采用符合 RFC 6750 标准的 Bearer Token 验证机制。该密钥通过 64 位哈希算法生成，由前缀“sk-”与 48 位随机字符构成（如 sk-abc123…xyz456）。为确保安全性，密钥必须通过环境变量或密钥管理服务（如 AWS KMS）动态注入，严格禁止将其硬编码在客户端代码或版本控制系统中。DeepSeek 的实时密钥审计系统会检测异常使用模式，一旦发现密钥泄露将自动触发熔断机制。

### 4.3.3 model

model 决定了调用的 AI 模型能力。指定 model 为 deepseek-chat 将调用最新的通用对话模型（当前为 DeepSeek-V3），其支持 32k tokens 的长上下文交互；若需执行数学推导、代码生成等复杂任务，则需选择 deepseek-reasoner（逻辑推理优化模型），该模型针对逻辑推理场景优化了注意力机制。模型版本遵循语义化版本控制，开发者可通过 deepseek-chat-2024q2 格式锁定特定季度版本，以避免兼容性问题。

### 4.3.4 Python 调用示例

Python 是一种高级解释型编程语言。Python 的语法简洁、易于学习，并拥有丰富的标准库和第三方扩展，广泛应用于数据分析、人工智能、Web 开发、自动化脚本等众多领域。不熟悉 Python 编程语言的读者，可以跳过本节。

下面是一段简化的 Python 示例代码，仅包含 base_url、api_key 和 model 这 3 个必填参数，用于展示如何调用 DeepSeek API。

```
import os
import requests
```

```
    # 1. 配置 API 服务地址，根据环境选择相应端点（生产或测试）
    base_url = "https://api.deepseek.com/v1"  # 生产环境地址
    # 若为测试环境，可改为：
    # base_url = "https://api.staging.deepseek.com/v1"

    # 2. 动态获取身份验证密钥，确保密钥安全性（请提前设置环境变量
DEEPSEEK_API_KEY）
    api_key = os.environ.get("DEEPSEEK_API_KEY")
    if not api_key:
        raise ValueError("请设置环境变量 DEEPSEEK_API_KEY，用
于身份验证")

    # 3. 指定调用的模型，可选择 deepseek-chat 或 deepseek-reasoner
    model = "deepseek-chat"  # 示例中使用通用对话模型

    # 构建 HTTP 请求头，遵循 Bearer Token 验证机制
    headers = {
        "Authorization": f"Bearer {api_key}",
        "Content-Type": "application/json"
    }

    # 示例请求数据，根据实际需求修改 prompt 内容
    payload = {
        "model": model,
        "prompt": "请简要介绍 DeepSeek API 的核心功能。"
    }

    # 发送 POST 请求调用 DeepSeek API（此处 '/endpoint' 为示例接口
路径，请根据文档实际修改）
    response = requests.post(f"{base_url}/endpoint",
json=payload, headers=headers)

    # 处理返回结果
    if response.status_code == 200:
        print("调用成功，返回数据：", response.json())
    else:
        print(f"调用失败，状态码：{response.status_code}\n 错误
信息：{response.text}")
```

**参数说明：**

base_url 定义了 API 入口地址，区分生产环境与测试环境；api_key 通过环境变量注入，保证密钥安全；model 指定了调用的具体 AI 模型。读者可根据具体需求调整请求路径及请求数据。

## 4.4　多种编程语言的 DeepSeek API 调用示例

在启动 DeepSeek API 的调用前，请注意以下 4 个注意事项，以确保获得顺畅的调用体验。

（1）确保已申请 DeepSeek API 密钥。

用户需确保已在 DeepSeek 平台申请有效的 API 密钥（具体操作详见 4.2 节）。该密钥是调用 DeepSeek API 的必要凭证，请务必谨慎保管，避免泄露。

（2）配置开发环境。

用户需根据自己使用的编程语言，安装对应的 SDK（Software Development Kit，软件开发工具包）。例如，如果使用 Python 语言，可运行 pip3 install openai 命令，安装 OpenAI SDK；如果使用 Node.js，可运行 npm install openai 命令，安装 OpenAI SDK。

**注意：**DeepSeek API 与 OpenAI SDK 完全兼容，因此可直接使用 OpenAI 官方的安装包，无须进行额外适配。

（3）启用流式输出模式。

本示例默认采用非流式输出模式。若用户的应用场景需要即时反馈，如聊天机器人或实时数据分析，可以将 stream 设置为 true，启用流式输出模式，享受流畅的实时交互体验。

（4）更新模型版本。

DeepSeek 的 deepseek-chat 模型已全面升级为 DeepSeek-V3 模型，接口保持不变。用户无须修改现有代码，只需在调用时指定 model 为 deepseek-chat，即可使用最新版本。如果用户需要调用推理能力更强的模型，可以指定 model 为 deepseek-reasoner。

以下是几种常见编程语言的 API 调用示例。

### 4.4.1 使用 Python 调用 API

```
# Python
from openai import OpenAI

# 初始化客户端
client = OpenAI(api_key="<DeepSeek API Key>", base_
url="https://api.deepseek.com")

# 调用 API
response = client.chat.completions.create(
    model="deepseek-chat",  # 使用 DeepSeek-V3 模型
    messages=[
        {"role": "system", "content": "You are a helpful
assistant."},
        {"role": "user", "content": "Hello!"}
    ],
    stream=false  # 若设置为 true，则表示启用流式输出模式
)

# 输出结果
print(response.choices[0].message.content)
```

### 4.4.2 使用 Node.js 调用 API

```
// JavaScript
import OpenAI from "openai";

// 初始化客户端
const openai = new OpenAI({
    baseURL: "https://api.deepseek.com",
    apiKey: "<DeepSeek API Key>",
});

async function main() {
    const completion = await openai.chat.completions.create({
        model: "deepseek-chat",  // 使用 DeepSeek-V3 模型
```

```
            messages: [
                { role: "system", content: "You are a helpful
assistant." },
                { role: "user", content: "Hello!" }
            ],
            stream: false // 若设置为 true，则表示启用流式输出模式
        });

        console.log(completion.choices[0].message.content);
    }

    main();
```

### 4.4.3 使用 curl 调用 API

```
    # C++
    curl https://api.deepseek.com/chat/completions \
      -H "Content-Type: application/json" \
      -H "Authorization: Bearer <DeepSeek API Key>" \
      -d '{
            "model": "deepseek-chat", # 使用 DeepSeek-V3 模型
            "messages": [
              {"role": "system", "content": "You are a helpful
assistant."},
              {"role": "user", "content": "Hello!"}
            ],
            "stream": false # 若设置为 true，则表示启用流式输出模式
          }'
```

**使用须知**

1. API 密钥替换。请将代码中的 <DeepSeek API Key> 替换为你实际获取的 API 密钥，以确保接口调用正常。

2. 问题排查建议。若在调用过程中遇到问题，建议从以下方面进行排查：确认 API 密钥是否有效且未过期；检查网络连接是否稳定；验证代码逻辑与参数设置是否正确。

通过示例代码，用户可以快速掌握 DeepSeek API 的调用方法，高效完成人机交互功能开发和智能应用系统构建。

# 第 5 章 DeepSeek 部署

本章介绍 DeepSeek 的全面部署方案，既包括云部署，也涵盖本地部署。本章提供 DeepSeek 部署的具体步骤、工具选择与实例分析，无论读者偏好云端解决方案还是本地定制化部署，都能在此找到适合自己的方案，从而构建出高性能、个性化的 DeepSeek 应用。

## 5.1 DeepSeek 云部署

DeepSeek 目前支持在阿里云、腾讯云、华为云等主流云平台部署，并兼容第三方云服务商，如硅基流动。在阿里云上，用户可通过百炼平台调用 DeepSeek 满血版模型，享受即开即用服务；腾讯云则依托 CodeStudio，使用 Ollama 部署 DeepSeek 大模型，简化本地大模型部署流程，适合开发者和中小团队低成本验证。

硅基流动平台提供深度优化的云服务，支持包括 DeepSeek-R1 和 V3 系列模型的快速部署。本章将以硅基流动平台为例，演示如何进行云部署。

## 5.1.1 注册硅基流动账号

打开硅基流动官网，进入登录页面，如图 5–1 所示。输入手机号后获取验证码，输入验证码，单击“注册 / 登录”按钮，注册账号。

图 5–1　硅基流动登录页面

## 5.1.2 选择模型

账号注册成功后，即可自动进入模型广场，如图 5–2 所示。

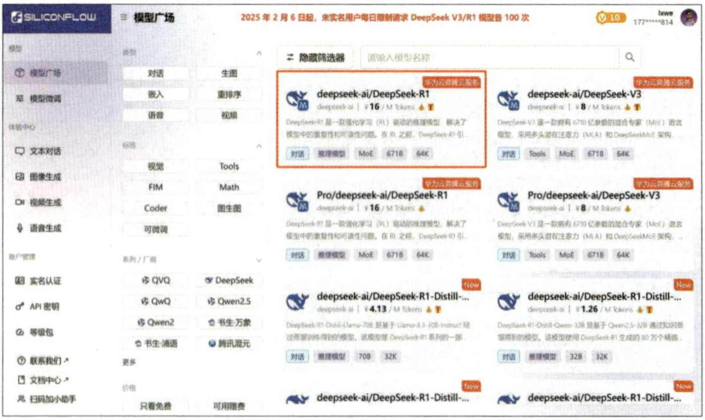

图 5–2　模型广场

选择 DeepSeek-R1 模型，单击“在线体验”按钮，如图 5-3 所示。

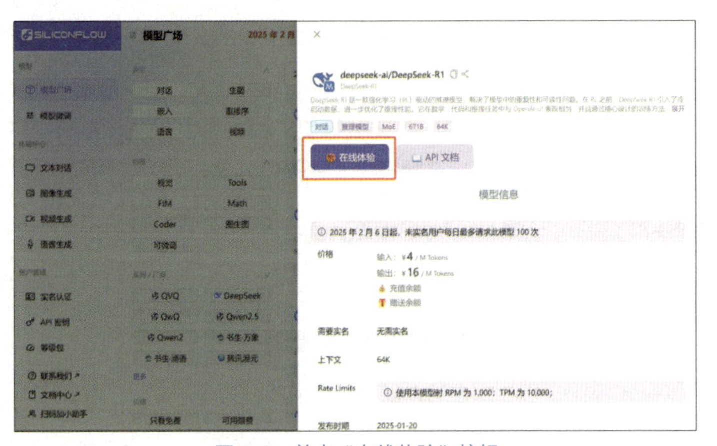

图 5-3 单击“在线体验”按钮

## 5.1.3 开始对话

进入文本对话界面。左侧设置栏中的“Model”选项，用于切换模型，如图 5-4 所示。用户可以对比不同模型的输出效果，辅助确定最优部署方案。

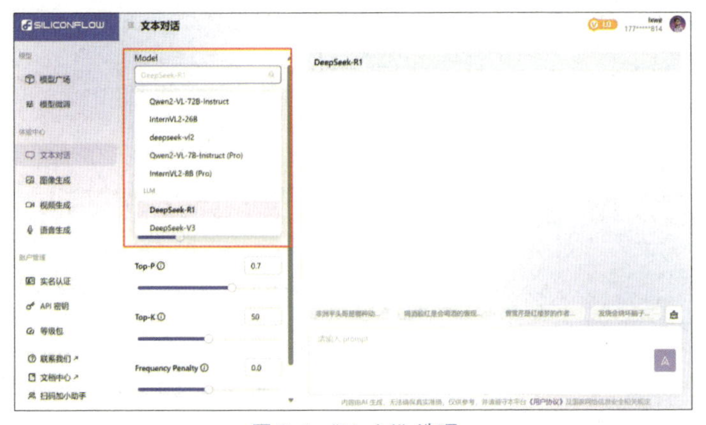

图 5-4 “Model”选项

“System Prompt”选项用于定义 AI 的对话背景、语气风格和输出要求等，如图 5-5 所示。可以把该选项看作在开始对话前设定的一个场景或指令，要求 AI 根据你的需求做出更合适的回答。

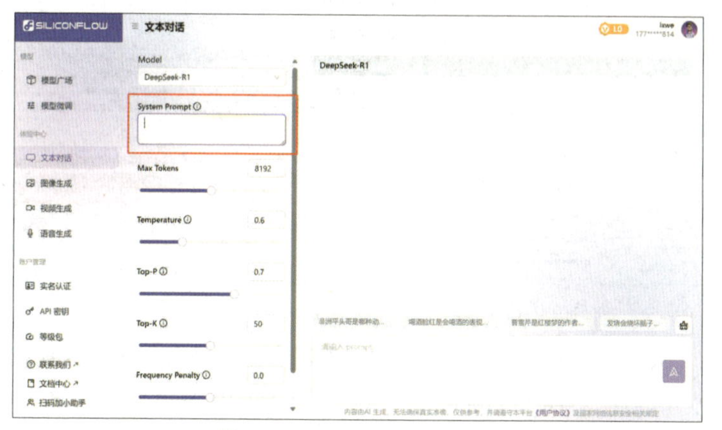


图 5-5 “System Prompt”选项

这里设置“System Prompt”选项为“用幽默的语气回答，回答精简，回答不超过 30 个词”，则对话效果如图 5-6 所示。

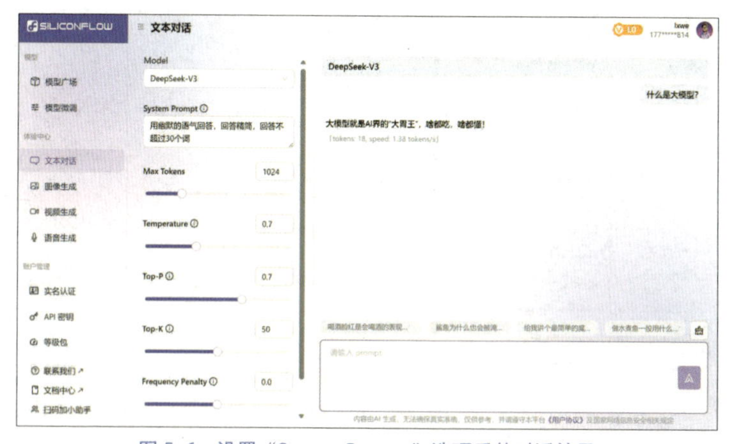


图 5-6 设置“System Prompt”选项后的对话效果

若不设置“System Prompt”选项，对话效果如图 5-7 所示。

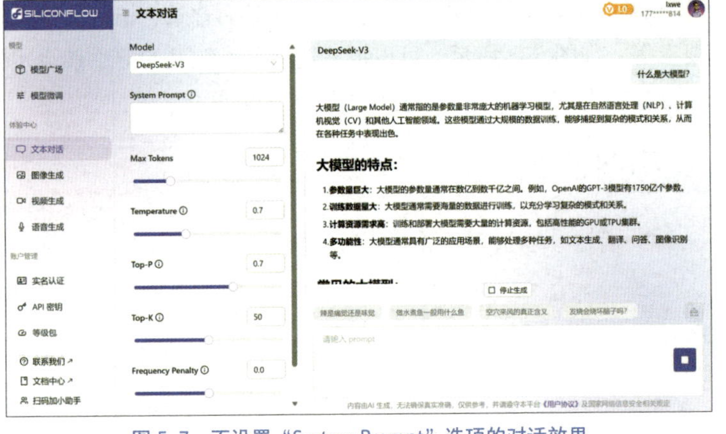

图 5-7　不设置“System Prompt”选项的对话效果

对比图 5-6 和图 5-7 中模型回答的内容，可发现如下区别。

- 设置“System Prompt”选项后，模型的回答更具定制化。
- 不设置“System Prompt”选项，模型的回答更具通用性。

设置栏中其他选项如图 5-8 所示。

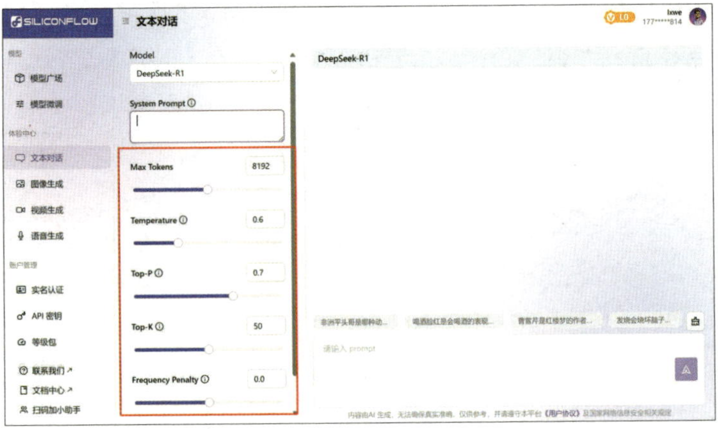

图 5-8　其他选项

各选项的作用如下。

- Max Tokens：这个选项用于控制 AI 每次回答的最多字数（或者

说 token）。每个字、每个标点符号都会被视为一个 token。如果将 Max Tokens 设置为 8192，意味着 AI 最多可以生成 8192 个 token（相当于几千个字）。增大该选项的值，可以让 AI 输出更长的内容；减小该选项的值，则会使 AI 输出的内容变短。

- Temperature：这个选项的设置决定了 AI 回答的“创造性”程度。该选项的值越大（接近 1），AI 生成的回答会更加随机和富有创造性；该选项的值越小（接近 0），AI 生成的回答会更加精确和保守。如果希望 AI 提供准确、直接的回答，可选择较小的 Temperature 值。
- Top-P：这个选项用于控制 AI 生成每个单词时的选择范围。例如，Top-P 设置为 0.7，意味着 AI 会从概率最高的前 70% 的单词中进行选择。该选项的值越大，AI 生成的回答越具多样性，但可能稍微偏离预期；该选项的值越小，AI 生成的回答会越精准。
- Top-K：这是另一个控制 AI 选择单词范围的选项。它限制 AI 只能从前 $K$ 个最可能的单词中选择。例如，Top-K 设置为 50，意味着 AI 只会从前 50 个最可能的单词中选择。Top-K 值较高，AI 的回答通常会更流畅，但也可能偏离预期。
- Frequency Penalty：这个选项会影响 AI 生成重复内容的概率。若将其设置为 0，则表示 AI 重复某些内容，不会受到任何惩罚。增大这个选项的值，可以减少重复内容的出现，使得生成的内容更加多样。

这些选项可以让用户更加精细化地调控 AI 的回答，如生成长内容、更具创意的回答，或是更精准且不重复的回答。

### 5.1.4 接入第三方对话工具

以 Cherry Studio 为例，连接硅基流动模型，先单击左下角的“设置”按钮，选择“硅基流动”，然后打开开关，如图 5-9 所示。

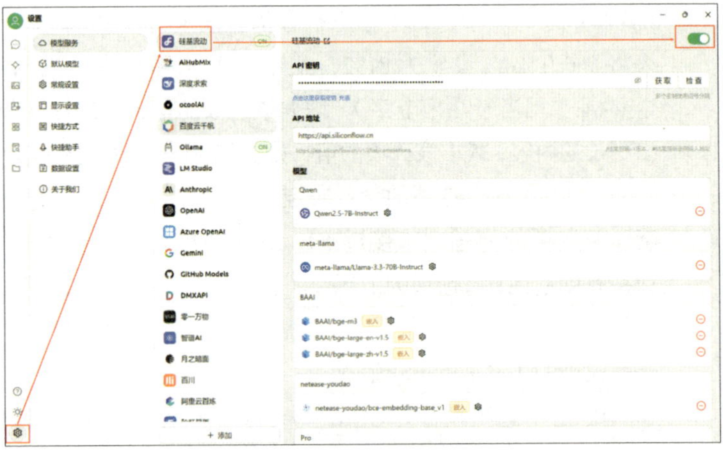

图 5-9 连接硅基流动模型

单击“管理”按钮，添加相关模型，如 deepseek-ai/DeepSeek-R1、deepseek-ai/DeepSeek-V3，如图 5-10 所示。

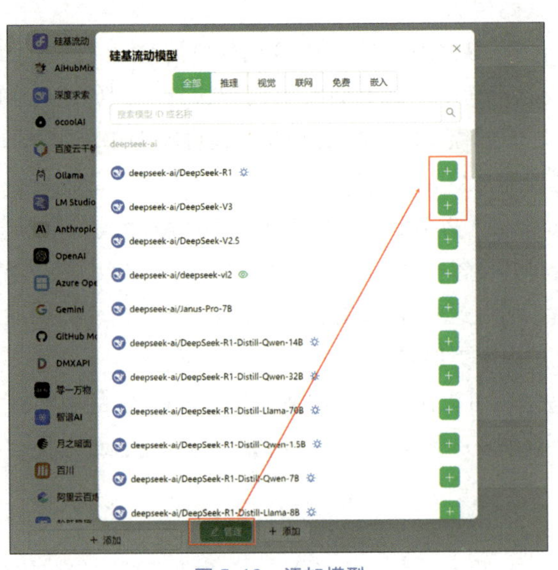

图 5-10 添加模型

单击左侧菜单栏中的“API 密钥”，在 API 密钥管理页面，单击

“新建 API 密钥”，生成密钥。然后复制已生成好的密钥，如图 5-11 所示。

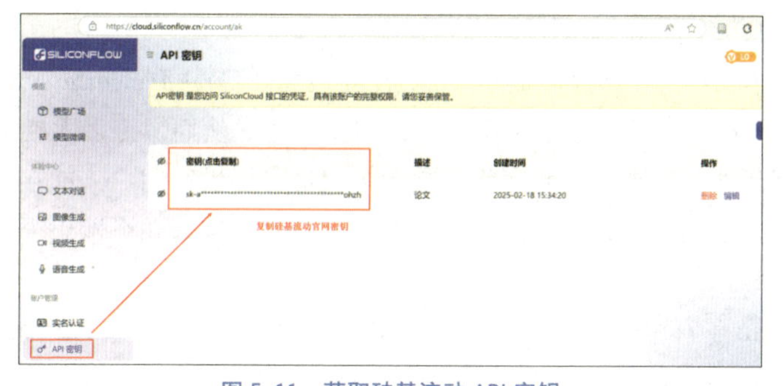


图 5-11　获取硅基流动 API 密钥

粘贴至硅基流动的 API 密钥文本框中，如图 5-12 所示。

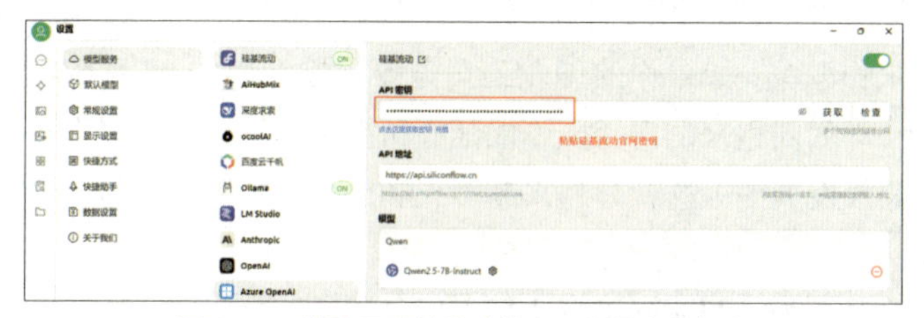


图 5-12　粘贴至硅基流动的 API 密钥文本框中

单击“检查”按钮，选择要检测的模型，如 deepseek-ai/DeepSeek-R1，如图 5-13 所示。

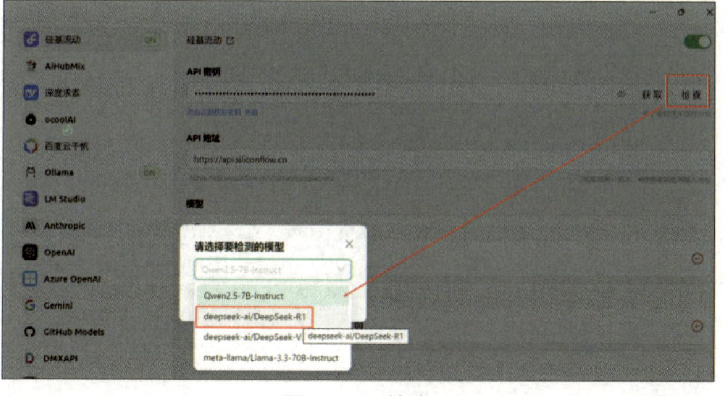


图 5-13　检查

完成上述操作后就在硅基流动配置好了 DeepSeek。

## 5.2 DeepSeek 本地部署

在当今人工智能时代，大语言模型（Large Language Model，LLM）在各行各业中展现出巨大的应用潜力。然而，许多大模型被大型科技公司掌控，并通常以云服务的形式提供给用户，这在一定程度上限制了开发者和研究人员对其进行深入探索和个性化定制的自由度。

想象一下，如果你在银行工作，需要利用 AI 分析客户数据，但将客户数据上传到云端，就如同把金库钥匙交给了陌生人，这无疑增加了数据泄露的风险；如果你在偏远地区从事科研工作，网络环境时好时坏，每次向 AI 提问都要看网络脸色，这无疑会严重影响工作效率；如果你的创业公司需要定制专属的 AI 系统，但商业 API 却如同租来的房子，不能随心所欲地改造，这无疑会制约公司的长远发展……这就是越来越多人和公司选择本地部署大模型的原因。

为什么要选择本地部署大模型？

- 数据隐私和安全性：将敏感数据发送到云端可能引发隐私和安全方面的担忧。通过在本地部署大模型，所有数据都可以在本地处理，从而降低了数据泄露的风险。
- 减少延迟，提高响应速度：云服务的响应速度可能会受到网络延迟的影响。相比之下，本地部署可以显著减少延迟，为用户提供更加流畅的体验。
- 定制化和高度控制：本地部署使开发者能够根据特定需求对大模型进行微调和优化，从而获得更高的灵活性和控制权。
- 成本效益考量：长期使用云服务可能会累积高昂的费用。本地部署大模型后，除初期硬件投资外，后续的运行成本相对较低。

本章将以 Ollama 本地部署大模型为例，演示如何进行本地部署。

## 5.2.1 安装 Ollama

Ollama 是一个开源的 LLM 服务工具，旨在简化大模型的本地部署和管理流程。它提供了多种开源 LLM 的权重、推理代码和微调脚本等资源，使用户能够轻松地运行并定制这些模型。

### 1. 下载 Ollama 安装包

访问 Ollama 官网，根据操作系统选择相应的版本，然后单击“Download”按钮下载 Ollama 安装包，如图 5-14 所示。

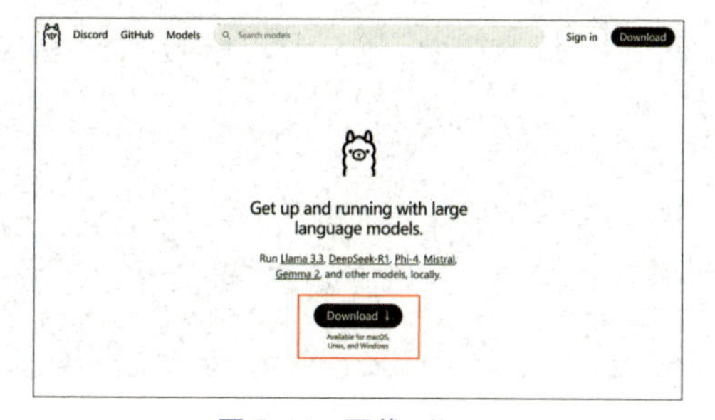


图 5-14 下载 Ollama

### 2. 安装 Ollama

下载完成后，双击 OllamaSetup.exe，按照操作提示进行安装，直到安装完成，如图 5-15 所示。

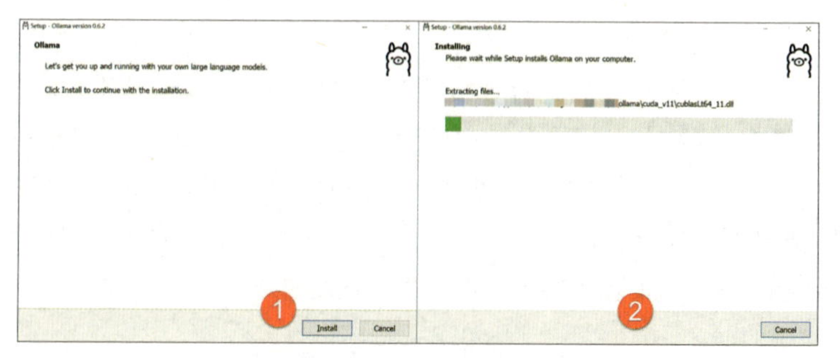


图 5-15 安装 Ollama

### 3. 检查安装情况

安装完成后，以管理员身份运行 cmd（命令提示符），输入“ollama”并按回车键，若出现图 5-16 所示的界面，则表示安装成功。

```
管理员: 命令提示符
Microsoft Windows [版本 10.0.19045.5487]
(c) Microsoft Corporation。保留所有权利。

C:\Users\Administrator>ollama
Usage:
  ollama [flags]
  ollama [command]

Available Commands:
  serve       Start ollama
  create      Create a model from a Modelfile
  show        Show information for a model
  run         Run a model
  stop        Stop a running model
  pull        Pull a model from a registry
  push        Push a model to a registry
  list        List models
  ps          List running models
  cp          Copy a model
  rm          Remove a model
  help        Help about any command

Flags:
  -h, --help      help for ollama
  -v, --version   Show version information

Use "ollama [command] --help" for more information about a command.

C:\Users\Administrator>
```

图 5-16　安装成功

## 5.2.2 配置 Ollama

Ollama 安装完成后，需要进行一些基本的配置，确保 Ollama 可以顺利运行大模型。

### 1. 配置运行环境

确保安装 Ollama 的计算机拥有足够的硬件资源，特别是 GPU（如果有的话），以便提升模型运行的速度。如果计算机配置较高，可以尝试部署更大（参数量更大）的模型，以获得更好的效果。一般情况下，建议普通用户选择部署 7b、8b 版本，如图 5-17 所示。过大的 DeepSeek 模型会导致回答生成速度过缓。

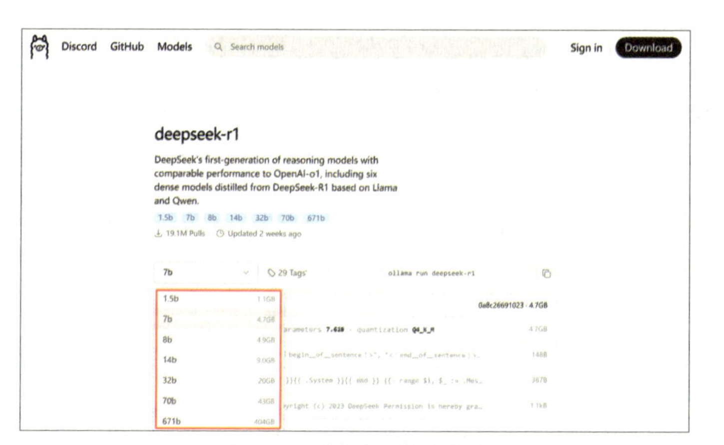


图 5-17 选择合适的大模型

以下是 DeepSeek 不同版本模型的硬件要求，用户可以结合自己计算机的配置选择相应版本，如表 5-1 所示。

表 5-1 DeepSeek 各模型硬件要求

| 模型版本 | 参数量 | 显存需求（FP16） | 推荐 GPU | 多卡支持 | 量化支持 | 适用场景 |
|---|---|---|---|---|---|---|
| DeepSeek-R1-1.5B | 15 亿 | 3GB | GTX 1650（4GB 显存） | 无需 | 支持 | 低资源设备部署（树莓派、旧款笔记本计算机）、实时文本生成、嵌入式系统 |
| DeepSeek-R1-7B | 70 亿 | 14GB | RTX 3070/4060（8GB 显存） | 可选 | 支持 | 中等复杂度任务（文本摘要、翻译）、轻量级多轮对话系统 |
| DeepSeek-R1-8B | 80 亿 | 16GB | RTX 4070（12GB 显存） | 可选 | 支持 | 需更高精度的轻量级任务（代码生成、逻辑推理） |

续表

| 模型版本 | 参数量 | 显存需求（FP16） | 推荐 GPU | 多卡支持 | 量化支持 | 适用场景 |
|---|---|---|---|---|---|---|
| DeepSeek-R1-14B | 140 亿 | 32GB | RTX 4090/A5000（16GB 显存） | 推荐 | 支持 | 企业级复杂任务（合同分析、报告生成）、长文本理解与生成 |
| DeepSeek-R1-32B | 320 亿 | 64GB | A100 40GB（24GB 显存） | 推荐 | 支持 | 高精度专业领域任务（医疗、法律咨询）、多模态任务预处理 |
| DeepSeek-R1-70B | 700 亿 | 140GB | 2 个 A100 80GB 或 4 个 RTX 4090（多卡并行） | 必需 | 支持 | 科研机构、大型企业（金融预测、大规模数据分析）、高复杂度生成任务 |
| DeepSeek-671B | 6710 亿 | 512GB+（单卡显存需求极高，通常需要多节点分布式训练） | 8 个 A100 或 H100（服务器集群） | 必需 | 支持 | 国家级或超大规模 AI 研究（气候建模、基因组分析）、通用人工智能（AGI）探索 |

**说明**

- 显存要求：指的是单卡推理时所需的显存大小。如果显存不足，可以考虑使用多卡并行或量化技术。
- 量化优化建议：通过 4-bit 量化技术，可以显著降低显存需求，但可能会影响部分性能。
- 适用场景：模型大小和性能不同，则适用于不同类型的任务。

#### 2. 设置模型存储位置

Ollama 会在本地存储模型数据，确保你的存储设备有足够的空间来容纳模型文件。

默认情况下，Ollama 会将模型下载到 C 盘，如果要更换下载模型的路径，需要在环境变量里修改。

### 5.2.3 模型部署

用户在部署模型时，可以根据实际的硬件条件和应用需求，选择直接部署完整模型或生成轻量模型。

按照 5.2.2 节介绍的方式确认好要使用的 DeepSeek 模型后，用户就可以在计算机中进行部署。

接下来，以部署 DeepSeek-R1 模型为例。打开 cmd，输入以下命令，按回车键。

```
ollama run deepseek-r1:671b
```

Ollama 会自动下载 DeepSeek-R1 的 671B 模型（满血版）。待模型下载完成，界面中出现“success”，则表示 DeepSeek 本地部署成功。

当然，DeepSeek 还有多个不同参数规模的模型，包括基于 Qwen2.5 和 Llama3 系列的 1.5B、7B、8B、14B、32B 和 70B 模型，用户可以根据自己的硬件配置情况选择。

### 5.2.4 Ollama 基础命令行示例

本节介绍一些常用的 Ollama 命令，旨在帮助用户通过命令行对深度学习模型进行管理和操作。以下每条命令均对应特定的功能，便于用户在模型下载、复制、查看和管理等各个环节中快速上手。

#### 1. 拉取模型

```
ollama pull deepseek-r1:7b
```

该命令用于从远程仓库下载指定的模型到本地系统。上述命令即下载参数规模为 7B 的 DeepSeek-R1 模型。用户在首次使用该模型时需要执行此命令，以确保模型文件完整且可用。

### 2. 删除模型

```
ollama rm deepseek-r1:7b
```

当不再需要某个模型或者需要释放本地存储空间时，可使用此命令删除已下载的模型。这样可以保持系统的整洁，并节省宝贵的磁盘资源。

### 3. 复制模型

```
ollama cp deepseek-r1:7b my-model
```

该命令将指定的模型复制为一个新模型并对新模型重命名，这里将 deepseek-r1:7b 复制成 my-model。复制模型后，用户可以在新的副本（新模型）上进行实验、修改或微调，并且不会影响原始模型文件。

### 4. 显示模型信息

```
ollama show deepseek-r1:7b
```

执行此命令后，系统会展示有关该模型的详细信息，如参数量、模型大小、版本信息及其他配置细节，帮助用户了解当前模型的基本情况及性能指标。

### 5. 列出计算机中的模型

```
ollama list
```

该命令用于显示已下载到本地的所有模型，便于用户管理和选择需要使用的模型。

### 6. 列出当前已加载的模型

```
ollama ps
```

此命令用于列出所有当前处于加载或运行状态的模型。通过查看正在运行的模型，用户可以更好地监控系统资源的使用情况，并了解哪些模型处于活动状态。

### 7. 停止当前正在运行的模型

```
ollama stop deepseek-r1:7b
```

当需要结束某个模型的运行或者释放系统资源时，可以使用此命令停止指定模型的运行。这样既可以防止资源被长期占用，也有助于快速调整当前的工作状态。

## 5.2.5 接入 Cherry Studio

基于 Cherry Studio 配置 DeepSeek（用户还可以选择 Chatbox 等），需下载客户端，如图 5-18 所示。

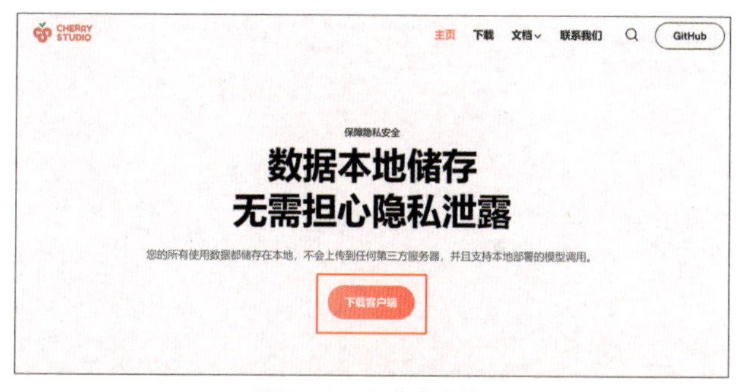


图 5-18　下载客户端

在下载界面，用户可以根据需要选择下载方式，如图 5-19 所示。

下载并安装完成后，打开 Cherry Studio，单击“设置”→“模型服务”，找到 Ollama 并单击，在 Ollama 页面找到已经安装好的 deepseek-r1:7b 模型，如图 5-20 所示。

打开一个新对话，就会发现已经关联到了 deepseek-r1:7b，如图 5-21 所示。

图 5-19 选择下载方式

图 5-20 设置模型服务

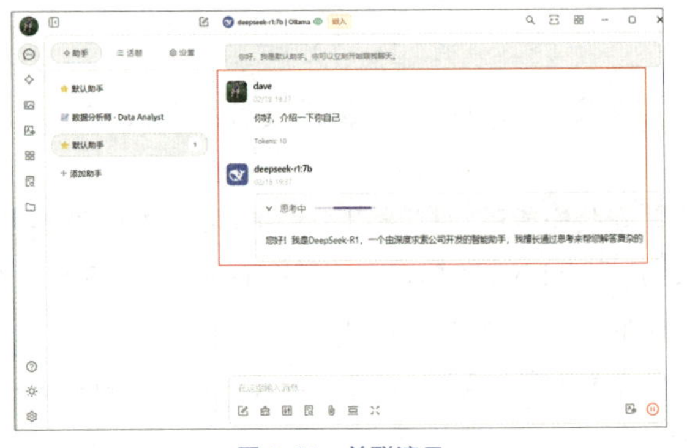


图 5-21 关联演示

# 第三篇

# 高能应用篇

# 第 6 章 DeepSeek+多媒体生成

本章利用 DeepSeek 作为创意发想的核心引擎，与各类 AI 创作平台实现深度融合，从而让音乐、图像和视频的生成过程变得简单而高效。通过 DeepSeek，用户只需输入主题、情感和风格，就能获得精准的歌词、图片提示词和视频提示词，用户再将这些信息分别导入 Suno、即梦 AI 和可灵 AI 平台，就可以完成完整的创作流程。这种融合方式大幅降低了创作门槛，让没有专业背景的用户也能轻松创作出高质量的多媒体作品。

## 6.1 DeepSeek + Suno：制作 AI 歌曲

在本节中，我们将探讨如何用 DeepSeek 结合 Suno 来制作 AI 歌曲。首先，DeepSeek 可根据用户提供的主题、风格或情感，生成符合要求的歌词。接下来，利用 Suno 的音乐生成模型，将这些歌词转化为完整的歌曲，包括乐器伴奏和人声演唱。通过这一流程，即使是没有音乐创作经验的用户，也能在短时间内创作出高质量的音乐作品。

### 6.1.1 使用 DeepSeek 生成歌词

在 DeepSeek 输入框内输入你想创作的歌曲主题，例如“成长”“失恋”等。限定你想要的歌曲风格，例如“流行”“民谣”“说唱”等。此外，还可以添加歌曲情感，例如“欢快的”“悲伤的”“浪漫的”等；也可以说明歌词使用的语言，例如“英语”等。

**输入提示词：**

帮我写一首有关“成长”的流行音乐歌词。

DeepSeek 生成内容如图 6-1 所示。

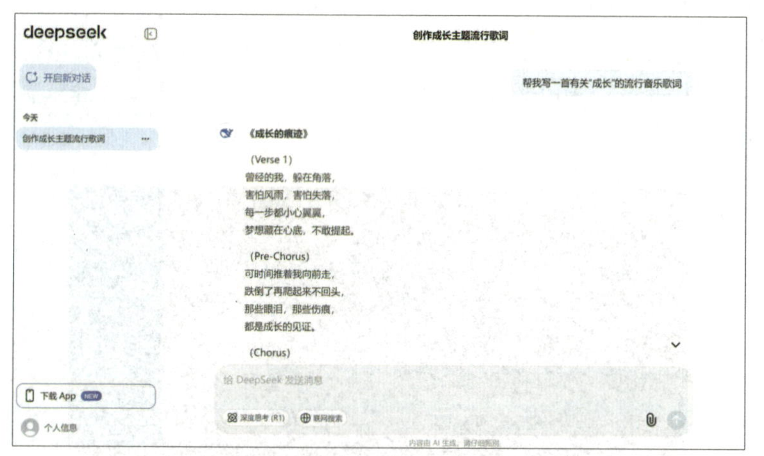


图 6-1 有关“成长”的流行音乐歌词

DeepSeek 会根据我们的输入生成完整的歌词。你可以自由对其进行删减、组合和修改。

这里，我们一键复制歌词生成结果，如图 6-2 所示。

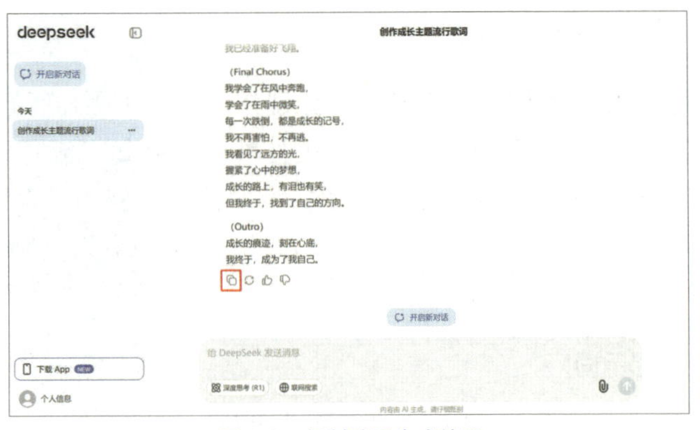


图 6-2 复制歌词生成结果

## 6.1.2 使用 Suno 生成歌曲

Suno 是一款生成式人工智能音乐创作程序，旨在生成具有逼真的人声与乐器声的歌曲。登录 Suno 官网，根据要求进行注册，注册完成后单击“创作中心”，如图 6-3 所示。

图 6-3 创作中心

选择“自定义模式”，输入歌曲名称，选择歌手性别，如图 6-4 所示。

将 DeepSeek 生成的歌词粘贴到 Suno 的歌词输入框，如图 6-5 所示。

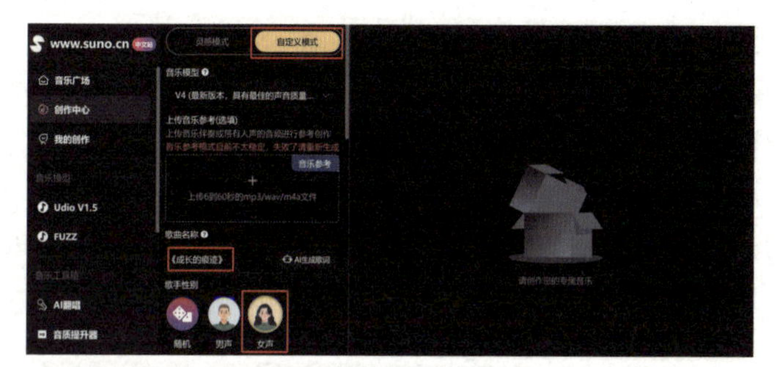

图 6-4 选择“自定义模式”

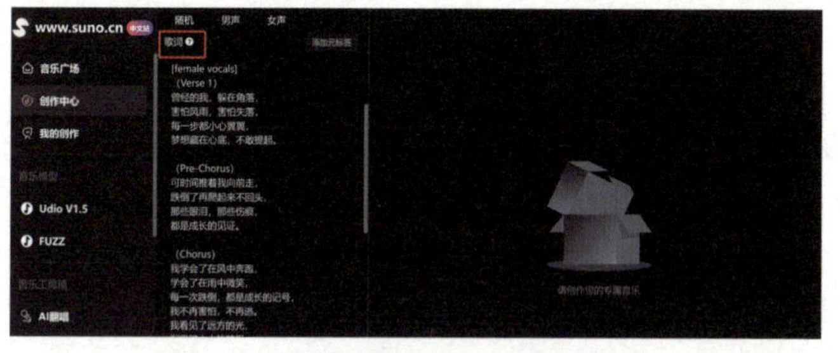

图 6-5 将歌词粘贴到 Suno 的歌词输入框

在 Suno 中选择与歌词风格相匹配的音乐风格，例如“流行”“摇滚”“中国风”等，选择完毕后单击“创作”（每次创作需消耗积分），如图 6–6 所示。

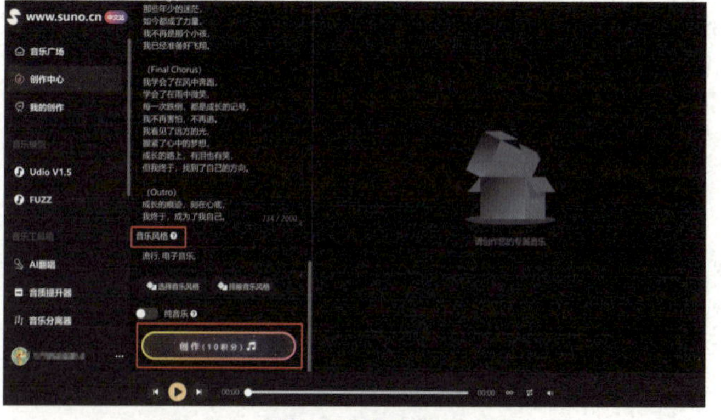

图 6-6 选择音乐风格并单击“创作”

Suno 会根据歌词和音乐风格，自动生成一首歌曲。建议尝试不同的音乐风格组合，包括使用不同的流派、乐器等，多次生成歌曲，直到生成更符合你期望的歌曲。

将制作完成的歌曲导出为 MP3、WAV 等格式，你就可以将自己的 AI 歌曲分享到社交媒体平台，或者上传到音乐平台，与更多人分享你的创作成果了。

## 6.2 DeepSeek+即梦 AI：制作 AI 图片

本节将 DeepSeek 与即梦 AI 结合，通过用户输入的自然语言描述，由 DeepSeek 生成详细的图像创意和设计思路，然后利用即梦 AI 的图像生成功能，将这些创意转化为视觉作品。这样，即使没有专业设计经验的用户，也能轻松创作出高质量的图像作品。

### 6.2.1 使用 DeepSeek 生成图片提示词

**输入提示词：**

我想要生成【主题描述】，请为我丰富提示词元素，并生成一段中文 AI 生图提示词。

例如，主题描述是“一只猫和一只狗在一起玩耍的卡通图片”。DeepSeek 生成的 AI 生图提示词如图 6-7 所示。

我们可以修改 DeepSeek 生成的内容，然后复制最终的 AI 生图提示词。

**注意：**当前图像生成模型理解能力有限，暂时还无法像人类一样精确理解复杂细节，因此 AI 生图提示词中的细节不宜过多，元素也不宜过于复杂。过多的细节和元素可能导致模型理解混乱，生成的效果未必理想。

图 6-7　DeepSeek 生成的 AI 生图提示词

## 6.2.2　使用即梦 AI 生成图片

即梦 AI 是一站式人工智能创作平台，旨在激发艺术创意，提升绘画和视频创作体验。用户可以利用即梦 AI 将想象变为现实。即梦 AI 支持文字生成图片、文字生成视频和图片生成视频，并提供创作灵感探索社区，供用户分享 AI 影像创作灵感与作品。

打开即梦 AI 官网，登录后，选择“AI 作图”，如图 6–8 所示。

图 6–8　即梦 AI 官网

将 DeepSeek 生成的 AI 生图提示词粘贴到“图片生成”输入

框，如图 6–9 所示。

图 6–9　将 AI 生图提示词粘贴到“图片生成”输入框

自定义需要的图片生成比例，单击“立即生成”后等待数秒，右侧面板中就会出现生成的图片，每次将生成 4 张候选图片。

在图 6–9 所示的 4 张候选图片里选择一张最合适的图片（若对这 4 张候选图片均不满意，可以修改提示词后再次生成，或直接重新生成），单击该图片后，可以选择下载图片。此外，即梦 AI 提供了两个主要功能，一是支持用图片“生成视频”，二是支持“去画布进行编辑”，如图 6–10 所示。

图 6–10　即梦 AI 的两个功能

单击图 6-10 所示的“去画布进行编辑”，在“画布编辑”界面可以对选中的 AI 图片进行精细化调整，包括局部重绘、扩图、消除笔、细节修复、超清、抠图等若干功能，如图 6-11 所示。

图 6-11 “画布编辑”界面

单击图 6-10 所示的“生成视频”，将自动跳转至“图片生视频”功能，如图 6-12 所示。

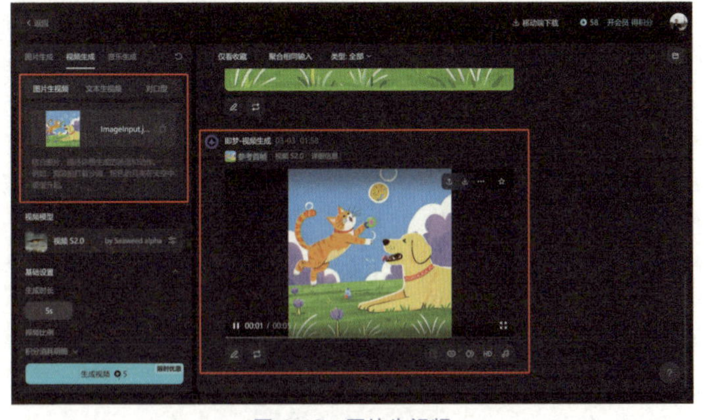

图 6-12 图片生视频

可以在图 6-12 所示界面左上角的输入框内输入期望生成的视频动作，例如让云朵飘动、猫咪跳跃等，也可以不输入任何内容，

直接单击“生成视频”。等待数秒后，右侧面板中会出现生成的视频（如果对生成的视频不满意，可以修改 / 设定视频提示词后再次生成视频，或直接重新生成）。

## 6.3 DeepSeek+可灵 AI：制作 AI 视频

本节将 DeepSeek 与可灵 AI 结合，通过用户输入的自然语言描述，由 DeepSeek 生成详细的分镜脚本和创意方案，然后利用可灵 AI 的视频生成功能，将这些创意转化为动态的视频作品。这样，即使没有专业视频制作经验的用户，也能高效地创作出高质量的视频内容。

### 6.3.1 使用 DeepSeek 生成视频提示词

可灵 AI 中的“文生视频”功能非常依赖提示词的输入，用户可以借助 DeepSeek 来生成提示词。

例如，在 DeepSeek 输入框内输入：“我想要生成一段 5 秒的【主题描述】，请帮我依据“主体 + 运动 + 场景 + 镜头语言”的格式，生成一段中文 AI 生成视频提示词，要求内容简洁不复杂。”DeepSeek 生成的内容如图 6-13 所示。

图 6-13 DeepSeek 生成的内容

然后，将最终的 AI 生成视频提示词复制粘贴到可灵 AI。

**注意：**与图像生成模型的情况类似，当前视频生成模型理解能力有限，暂时还无法像人类一样精确理解复杂细节，因此 AI 生成视频提示词不宜细节过多。此外，在提示词中最好对镜头时长做限定，帮助 AI 生成更符合你想象的视频。

## 6.3.2 可灵 AI 简介

可灵 AI 是一款先进的 AI 视频生成工具，支持文生视频、图生视频、视频续写、运镜控制、首尾帧等多个功能，能帮助用户高效完成视频创作，如图 6–14 所示。

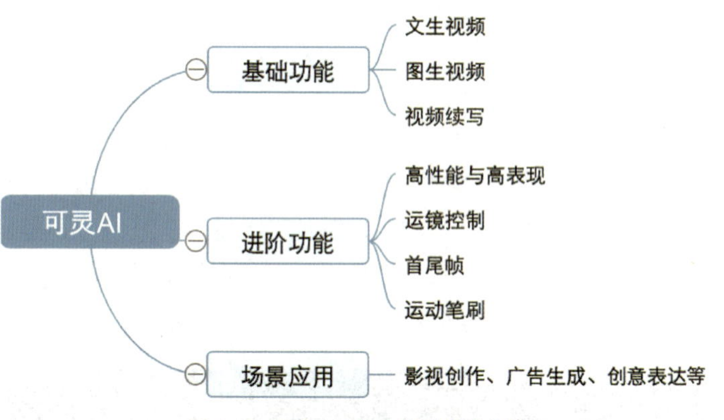


图 6–14　可灵 AI 的功能和场景应用

作为 AIGC（Artificial Intelligence Generated Content，人工智能生成内容）领域的突破性产品，可灵 AI 结合了自研的 3D 时空注意力机制和 DiT（Diffusion Transformer，扩散变压器）技术，在模拟复杂动作、生成逼真场景方面具备独特优势。

打开可灵 AI 官网，登录后，选择“AI 视频”，如图 6–15 所示。

图 6-15 可灵 AI 官网

## 6.3.3 文生视频

文生视频指的是用户输入一段文字，AI 可以根据文本内容生成视频。可灵 AI 的文生视频模式支持“标准”与“高品质”两个生成模式（标准模式生成速度更快，高品质模式生成的视频画面质量更佳），支持 5 秒或 10 秒的生成时长，支持 16 : 9、9 : 16 与 1 : 1 这 3 种视频比例。用户在输入框内输入视频提示词后，单击“立即生成”，可灵 AI 就会开始生成视频，如图 6-16 所示。

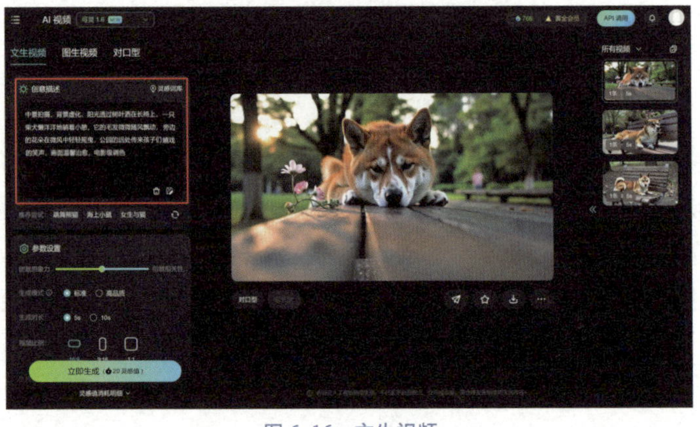


图 6-16 文生视频

文生视频提示词公式：主体 + 运动 + 场景 + 镜头语言（风格、光影、视角等），见表 6–1。

表 6–1 文生视频提示词公式

| | |
|---|---|
| **主体** | 主体指视频中的主要表现对象，如人、动物、植物、车辆等。对主体外观进行简述，如粉色的鲜花、穿着长裙的女孩、蓝色的跑车等 |
| **运动** | 描述运动状态，动作不宜复杂，持续时间约为 5 秒或 10 秒，如看书、在沙滩漫步、眨眼、微笑等 |
| **场景** | 描述整体环境，如拥挤的游乐园、充满晨雾和晨光的海面等 |
| **镜头** | 描述视频镜头及画面风格，如远景拍摄、近景拍摄、特写、航拍、温馨美好、活泼欢快、黑白、电影调色等 |

**注意：**

- 写视频提示词时，首先保证画面要素的完整性，列举多个描述性的词或短语即可；
- 视频提示词尽量使用简单的词和句子结构，避免使用过于复杂的表达；
- 画面内容尽可能简单；
- 现阶段还不能准确生成指定数目的物体，如提示词为“5 只小猫在玩耍”，生成的视频中小猫的数量很难保持准确，此外要求视频中显示特定文字，生成结果也可能会出错；
- 现阶段较难生成复杂的物理运动，如打斗等。

下面列出一些提示词示例，以及用这些提示词生成的视频的截图，如表 6–2 所示。

表 6–2 提示词示例及相应的视频截图

| 提示词 | 视频截图 |
| --- | --- |
| 一只柴犬在公园的长椅上小憩 | |
| 一只柴犬懒洋洋地趴在公园的长椅上小憩，阳光洒在它的身上，微风吹动着它的毛发，周围是绿树和盛开的鲜花 |  |
| 中景拍摄，背景虚化，阳光透过树叶洒在长椅上，一只柴犬懒洋洋地趴着小憩，它的毛发随风微微飘动，旁边的花朵在微风中轻轻摇曳，公园的远处传来孩子们嬉戏的笑声，画面温馨治愈，电影级调色 |  |

## 6.3.4 图生视频

图生视频指的是，用户上传一张图片，AI 能够根据对图片的理解，将图片转变为视频画面。可灵 AI 的图生视频模式支持“标准”与“高品质”两个生成模式，支持 5 秒或 10 秒的生成时长。

可灵 AI 支持用户上传图片后，输入提示词对视频进行描述，可灵 AI 可以依据用户的描述用图片生成视频，如让人物握手、让云朵飘动等。提示词需要遵循“主体 + 运动”“背景 + 运动”的格式编写，用词和句式要简单，运动轨迹应符合运动规律，且不宜复杂。

上传一张准备好的图片，输入提示词“人物喝咖啡”，单击

“立即生成”，可灵 AI 就会生成视频，如图 6–17 所示。

图 6–17　图生视频

图生视频相较于文生视频，可以根据已确定的图片进行视频生成，视频画面更可控。图生视频有很多应用场景，下面介绍 4 个流行的使用场景。

1. 让老照片“复活”

在“图生视频”选项卡里选择“首尾帧”功能，上传老照片，输入期望图片中主体做出的动作（如“妈妈和孩子相视而笑”），单击“立即生成”，如图 6–18 所示。

图 6–18　生成“妈妈和孩子相视而笑”的视频

### 2. 跨时代相遇

“多图参考”功能可以将 2～4 张图片的元素融合在一起，根据提示词中对主体 / 背景之间互动的描述，来生成一段新的 AI 视频。

在“图生视频”选项卡里选择“多图参考”功能，上传 2～4 张图片，框选主体，输入期望图片中主体 / 背景之间的互动（如“小男孩和中年男人在一棵大树下，男人蹲下来看着男孩，拉起了小男孩的手”），单击“立即生成”，如图 6-19 所示。

图 6-19　用“多图参考”功能生成视频

### 3. 制作短片

制作短片的步骤如下。

步骤一：剧本生成。先通过 DeepSeek 生成剧本。

**输入提示词：**

请生成半分钟的科幻短片剧本。主题：未来科学家意外触发时间裂缝。要求包含 4 个分镜，对于每个分镜中的场景，用不超过 20 字来进行描述，并给出相应的文生图的提示词。

**DeepSeek 回复：**

场景 1：实验室里闪烁的量子装置突然失控。

提示词：科幻实验室，发光的量子装置，金属质感，蓝光粒子特效。

场景2：紫色时空裂缝在仪器上方展开。

提示词：蓝色时空裂缝，能量漩涡，动态粒子效果。

场景3：年轻科学家被吸入时空隧道。

提示词：时空隧道，流光特效，人物悬浮其中，动态模糊。

场景4：穿越到恐龙时代的丛林。

提示词：白垩纪丛林，霸王龙远景，蕨类植物，晨雾弥漫。

步骤二：分镜图片生成。将4个场景的提示词分别输入即梦AI，选择图片比例“1：1”，然后单击“立即生成”，分镜图片生成效果如图6–20所示。

图6–20 分镜图片生成效果

步骤三：镜头视频生成。将不同场景的图片依次上传至可灵AI，依次添加视频生成提示词（示例如下），让其依次生成相应的视频。

场景 1 提示词：装置突然失控爆炸，迸发出大量的火花。

场景 2 提示词：旋转的漩涡，大幅度动态效果，体现时空裂缝。

场景 3 提示词：年轻科学家被吸入扭曲的时空隧道。

场景 4 提示词：恐龙穿梭在丛林里，由近景到远景。

步骤四：短片剪辑。在“剪映”里上传全部镜头视频，进行配音、配乐、旁白添加、视频编辑与合并等，如图 6–21 所示。

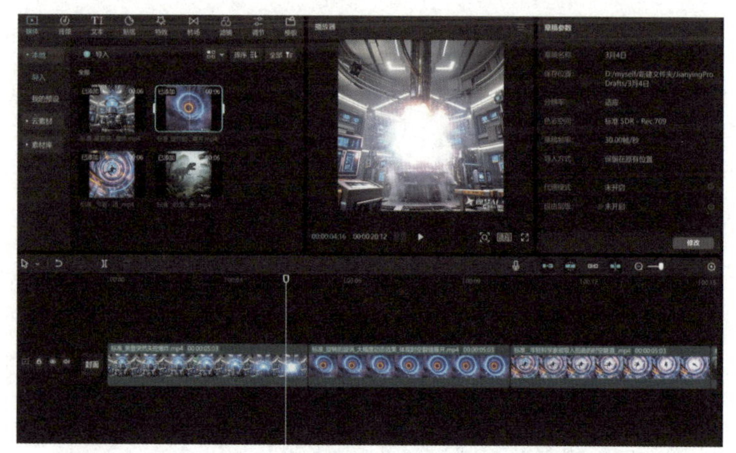

图 6–21 短片剪辑

#### 4. 生成数字人口播

可灵 AI 具有“对口型”功能，支持通过文本朗读功能在线生成配音，并由数字人来进行口播。可灵 AI 可以让视频中人物的口型和音频完美同步，如同真人说话或唱歌。

切换到“对口型”选项卡，上传以人物为主体的视频。单击“配音音频”按钮，在弹出的窗口中使用“文本朗读”生成配音，输入文本朗读内容，或上传本地配音文件。选择合适的音色，调整口播语速。最后，单击“立即生成”，如图 6–22 所示。

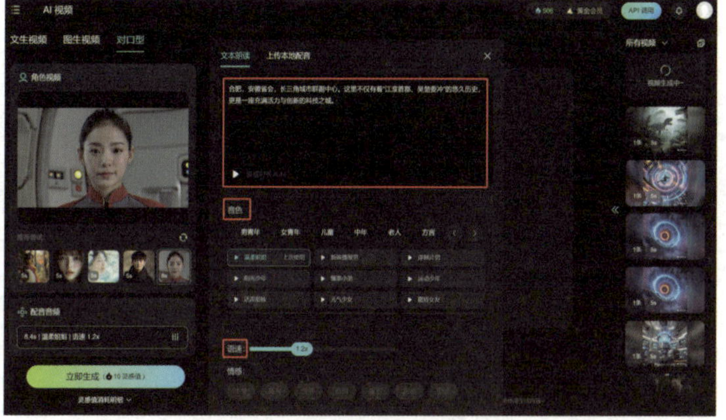

图 6-22 生成数字人口播

等待视频生成，即可得到视频人物口型和音频完美同步的数字人口播视频。

# 第 7 章 DeepSeek+办公软件

本章利用 DeepSeek 强大的智能技术，全面整合主流办公软件（如 Word、PPT 和 Excel），并介绍快速整理思维导图的方法，打造高效智能的办公新体验。在 Word 中，DeepSeek 能助你快速生成和优化文本内容，无论是撰写报告、邮件还是论文，都能事半功倍；在制作 PPT 时，它能助你自动生成 PPT 大纲，帮助你轻松制作演示文稿；而在处理 Excel 表格时，DeepSeek 可根据数据处理需求轻松生成 Excel 公式，帮助你高效处理各类表格。通过本章内容的学习，你将全面掌握如何利用 DeepSeek 高效办公。

## 7.1 DeepSeek+Word：助力文档编辑

在日常工作中，Microsoft Word 是我们处理文档的常用工具。以往，我们习惯直接在 Word 中完成所有的文档编辑任务。然而，随着人工智能技术的发展，特别是 DeepSeek 的出现，我们的文字编辑方式发生了翻天覆地的变化。

通常，当我们需要 DeepSeek 协助撰写或修改内容时，会将文本复制到 DeepSeek 的对话框中，等待其生成回答后，再将结果复制回 Word 文档。虽然这些操作看似简单，但频繁的复制粘贴仍然令人感到烦琐。

现在有一种方法可以让 Word 与 DeepSeek 无缝连接，实现人工创作与 DeepSeek 改稿的同步进行。

首先，新建一个空白的 Word 文档，单击左上角的“文件”，在左侧的菜单中选择“选项”。在弹出的对话框中选择“自定义功能区”，勾选“开发工具”，如图 7–1 所示。

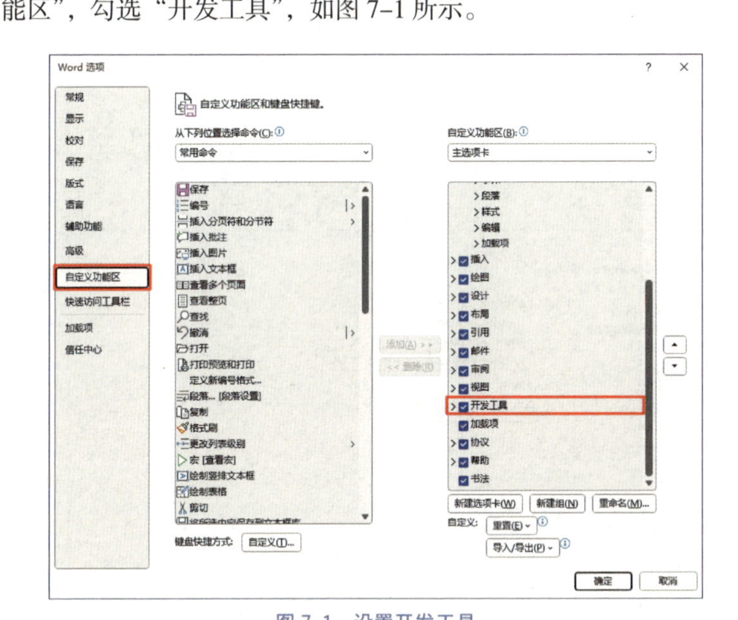

图 7–1　设置开发工具

然后，再在对话框中选择“信任中心”，单击“信任中心设置”按钮，如图 7–2 所示。

在弹出的对话框中选择“启用所有宏”，并勾选“信任对 VBA 工程对象模型的访问”，再单击“确定”按钮，如图 7–3 所示。

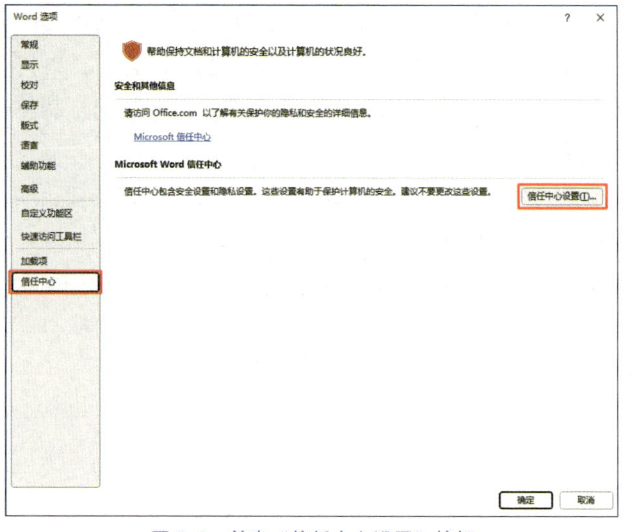

图 7-2　单击“信任中心设置”按钮

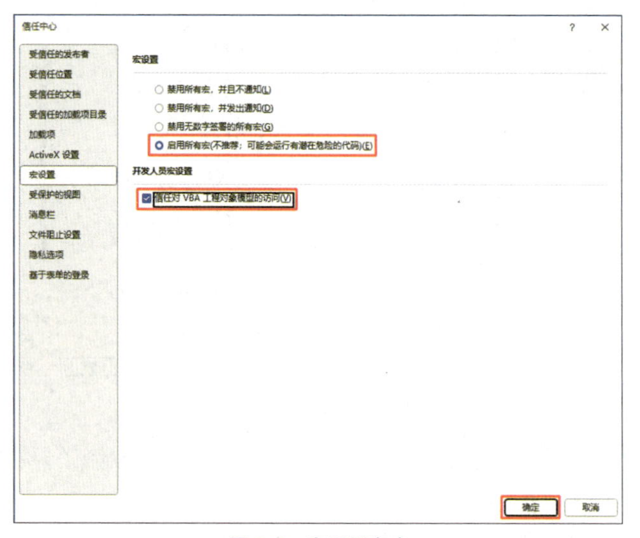

图 7-3　启用所有宏

完成上述设置后，主页的菜单中会出现“开发工具”，单击“开发工具”→“Visual Basic”，如图 7-4 所示，将会弹出 VBA 编

辑窗口。

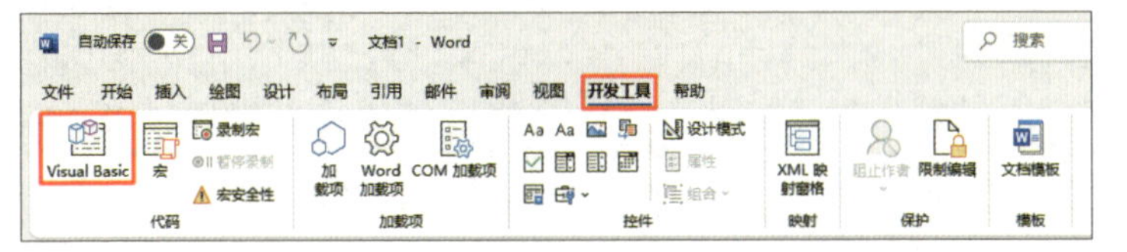


图 7-4　打开 VBA 编辑窗口

在 VBA 编辑窗口中，选择“插入”→“模块”，如图 7-5 所示。

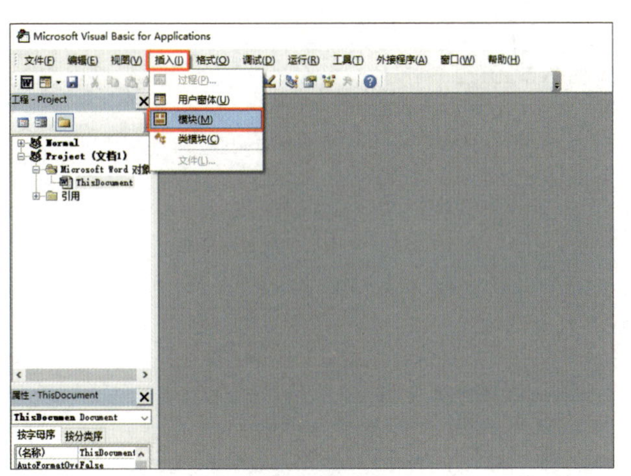


图 7-5　打开“模块”

以下代码是本书提供的用于在 Word 中设置 DeepSeek 开发工具的代码。粘贴完整的 VBA 脚本至“模块”中。

```
    Visual Basic
  Function CallDeepSeekAPI(api_key As String, inputText
As String) As String
    Dim API As String
    Dim SendTxt As String
    Dim Http As Object
    Dim status_code As Integer
    Dim response As String
```

```
        API = "https://api.deepseek.com/chat/completions"
        SendTxt = "{""model"": ""deepseek-chat"", ""messages"":
[{""role"":""system"", ""content"":""You are a Word
assistant""}, {""role"":""user"", ""content"":""" &
inputText & """}], ""stream"": false}"
        Set Http = CreateObject("MSXML2.XMLHTTP")
        With Http
            .Open "POST", API, False
            .setRequestHeader "Content-Type", "application/json"
            .setRequestHeader "Authorization", "Bearer " & api_key
            .send SendTxt
            status_code = .Status
            response = .responseText
        End With
        If status_code = 200 Then
            CallDeepSeekAPI = response
        Else
            CallDeepSeekAPI = "Error: " & status_code & " -
" & response
        End If
        Set Http = Nothing
    End Function

    Sub DeepSeekV3()
        Dim api_key As String
        Dim inputText As String
        Dim response As String
        Dim regex As Object
        Dim matches As Object
        Dim originalSelection As Object
        api_key = "替换为你的api key"
        If api_key = "" Then
            MsgBox "Please enter the API key."
            Exit Sub
        ElseIf Selection.Type <> wdSelectionNormal Then
            MsgBox "Please select text."
            Exit Sub
        End If
        Set originalSelection = Selection.Range.Duplicate
```

```
        inputText = Replace(Replace(Replace(Replace(Replace(
Selection.text, "", ""), vbCrLf, ""), vbCr, ""), vbLf, ""),
Chr(34), """")
        response = CallDeepSeekAPI(api_key, inputText)
        If Left(response, 5) <> "Error" Then
            Set regex = CreateObject("VBScript.RegExp")
            With regex
                .Global = True
                .MultiLine = True
                .IgnoreCase = False
                .Pattern = """content"":""(.*?)"""
            End With
            Set matches = regex.Execute(response)
            If matches.Count > 0 Then
                Selection.Text = originalSelection.Text &
vbCrLf & matches(0).SubMatches(0)
            Else
                MsgBox "No content found in the response."
            End If
        Else
            MsgBox "API request failed: " & response
        End If
    End Sub
```

粘贴好代码后的 VBA 编辑窗口如图 7-6 所示。

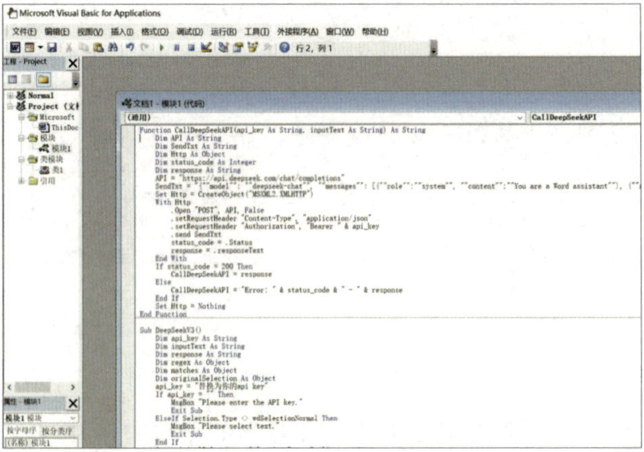

图 7-6　粘贴代码后的 VBA 编辑窗口

代码中的API密钥需要换成读者自己的DeepSeek API密钥，如图7–7所示。DeepSeek API密钥的创建方式见4.2节。

```
Sub DeepSeekV3()
    Dim api_key As String
    Dim inputText As String
    Dim response As String
    Dim regex As Object
    Dim matches As Object
    Dim originalSelection As Object
    api_key = "替换为你的api key"
    If api_key = "" Then
        MsgBox "Please enter the API key."
        Exit Sub
    ElseIf Selection.Type <> wdSelectionNormal Then
        MsgBox "Please select text."
        Exit Sub
    End If
```

图 7–7　替换 API 密钥

粘贴完脚本后直接退出。再次选择“文件”→“选项”，在自定义功能区页面，右击“开发工具”，在弹出的菜单中选择“添加新组”，如图7–8所示。

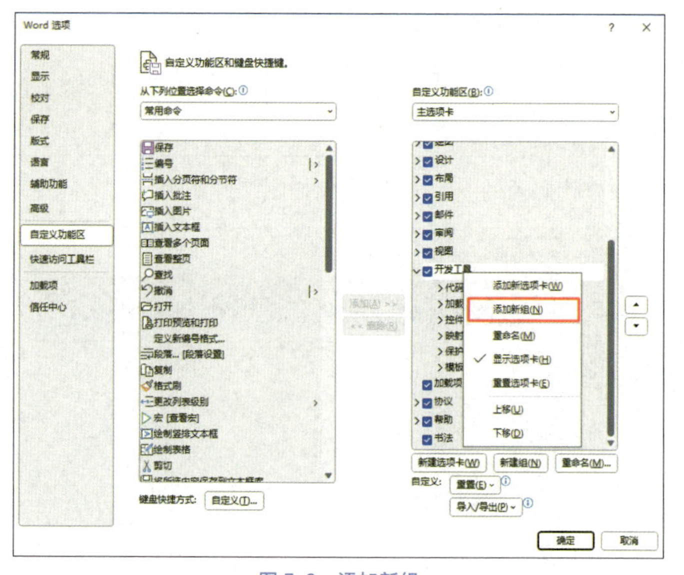


图 7–8　添加新组

在添加的新建组名上右击，在弹出的菜单中选择“重命名”。将其命名为“DeepSeek”，并选择合适的图标，再单击“确定”按

钮，如图 7–9 所示。

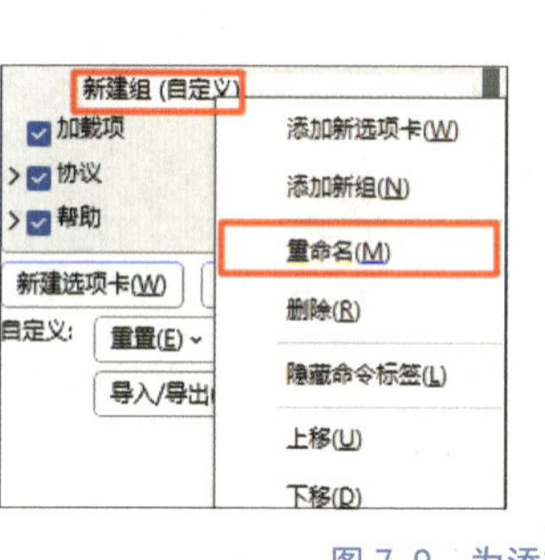


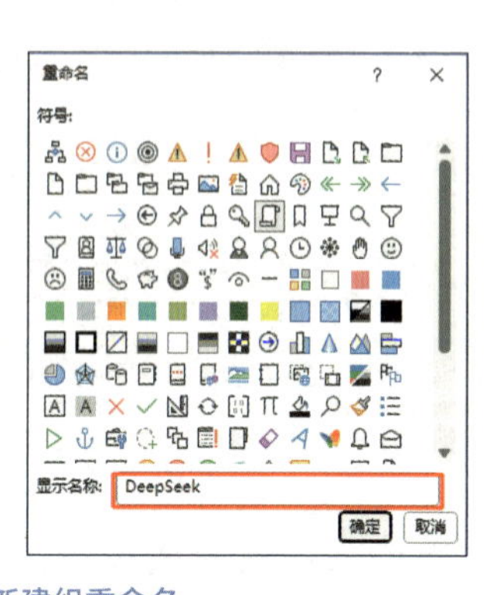


图 7–9 为添加的新建组重命名

完成上述设置后，如图 7–10 所示，选择刚命名的 DeepSeek（自定义），然后在自定义功能区页面的“从下列位置选择命令”下拉菜单中选择“宏”，找到并选择我们刚添加的 DeepSeekV3 宏，再单击“添加”按钮。

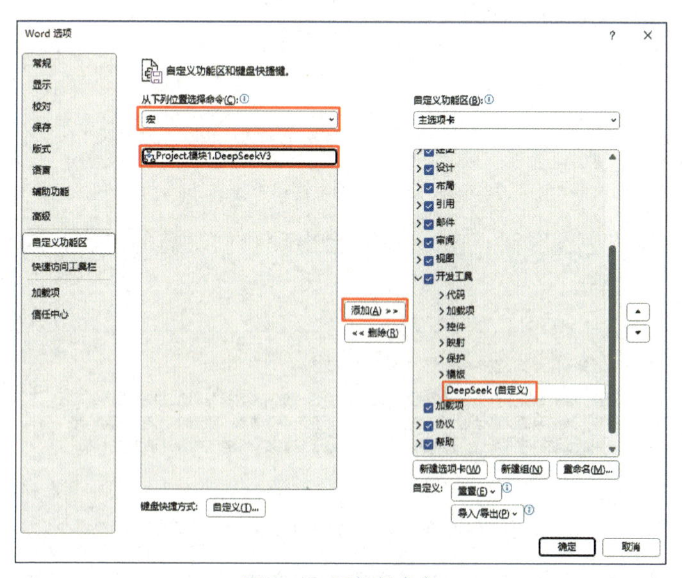


图 7–10 添加新命令

如图 7–11 所示，右击新添加的命令，在弹出的菜单中选择“重命名”，将新添加的命令重命名为“V3 生成”。

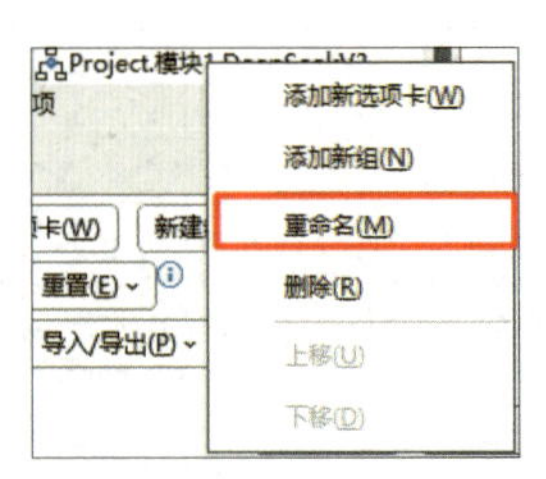


图 7–11 为添加的新命令重命名

至此我们就完成设置，可以在 Word 中同 DeepSeek 进行对话了。

先写一段我们想要发送给 DeepSeek 的话，然后将其全部选中，再单击“V3 生成”，如图 7–12 所示。

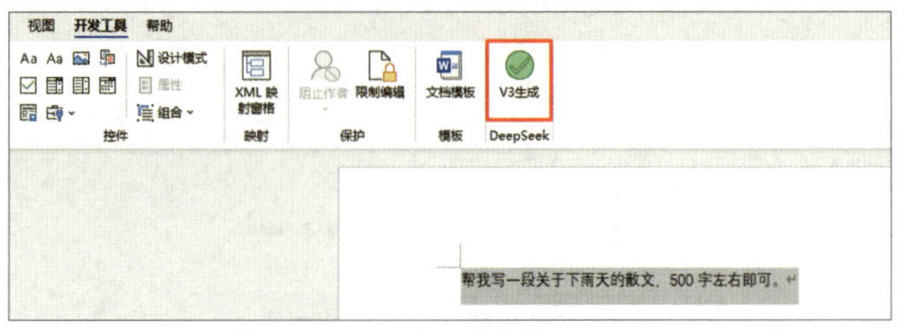


图 7–12 写一段话发送给 DeepSeek

等待一段时间，Word 中就会出现我们所需的内容，效果如图 7–13 所示。

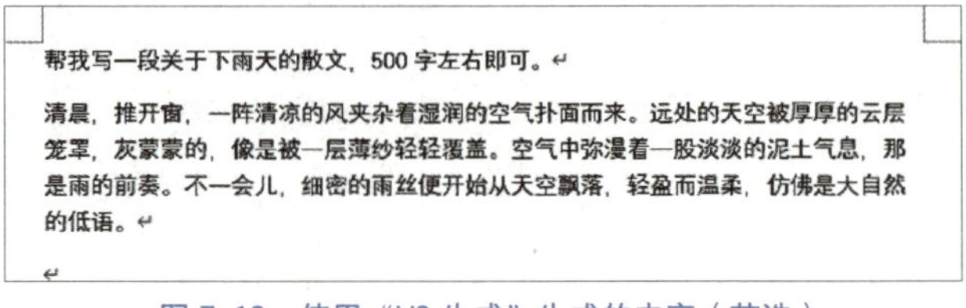

帮我写一段关于下雨天的散文，500 字左右即可。

清晨，推开窗，一阵清凉的风夹杂着湿润的空气扑面而来。远处的天空被厚厚的云层笼罩，灰蒙蒙的，像是被一层薄纱轻轻覆盖。空气中弥漫着一股淡淡的泥土气息，那是雨的前奏。不一会儿，细密的雨丝便开始从天空飘落，轻盈而温柔，仿佛是大自然的低语。

图 7–13 使用“V3 生成”生成的内容（节选）

将 DeepSeek 与 Word 集成后，我们打造出了一个“AI 智能写

手”。从文本生成、润色优化到内容拓展，用户只需轻点按钮即可完成这一系列操作。

## 7.2 DeepSeek+PPT：助力幻灯片制作

DeepSeek 目前无法直接生成 PPT，但它可以生成 PPT 内容的大纲。我们可以借助 DeepSeek 生成 PPT 大纲，并将其保存为 Markdown 格式的文件。随后，将其作为数据源导入 PPT 生成工具，即可自动转换生成完整的 PPT。

AiPPT 是一个 AI 驱动的在线 PPT 生成工具，能够通过简单的操作快速生成专业的 PPT。读者也可以根据需要选择其他的 AI 生成 PPT 工具。

打开 AiPPT 官网，如图 7-14 所示。根据官网的提示注册账号后，即可使用 AiPPT。

图 7-14 AiPPT 官网首页

假设，公司需要对新入职的营销人员进行培训，主题是“如何在营销中使用 DeepSeek 增效”，我们可以通过 DeepSeek 来制作培训 PPT 大纲。

**输入提示词：**

主题：如何在营销中使用 DeepSeek 增效

遵循以下规则：

1. 制作内容大纲页
2. 总页数 20 页
3. 用 Markdown 格式输出

DeepSeek 回复：

# 如何在营销中使用 DeepSeek 增效——内容大纲

** 总页数：20 页 **

---

## 第 1 页：封面
- ** 标题：** 如何在营销中使用 DeepSeek 增效
- ** 副标题：** 以数据智能驱动营销革新
- ** 附加信息：** 公司名称、日期、演讲者 / 作者姓名

---

## 第 2 页：目录
- 列出所有 20 页的章节标题和主要内容

---

## 第 3 页：引言
- 营销效率面临的主要挑战
- 数据驱动营销的重要性
- 本培训的目标与预期成果

```
---

## 第 4 页：DeepSeek 平台概述
- DeepSeek 简介
- 平台核心功能及技术优势
- 市场定位与竞争优势

---

## 第 5 页：营销效率现状分析
- 当前营销环境的痛点和挑战
- 传统营销方法的局限性
- 数据和技术在营销中的应用现状

---

## 第 6 页：深度数据分析在营销中的作用
- 数据分析如何揭示消费者行为
- 利用大数据提升营销决策质量
- 深度分析与精准营销的关系

---

## 第 7 页：DeepSeek 的数据采集能力
- 多渠道数据整合与采集
- 自动化数据采集流程介绍
- 数据质量与实时性保障
```

```
---

## 第 8 页：用户洞察与行为分析
- 利用 DeepSeek 构建用户画像
- 消费者行为及偏好分析
- 市场细分与精准定位策略

---

## 第 9 页：内容优化与精准营销
- 基于数据的内容创作与优化
- 个性化推荐与营销内容匹配
- 案例分享：内容优化提升转化率

---

## 第 10 页：精准定位目标客户
- 如何借助数据确定目标客户群
- 客户分层与定制化营销策略
- 精准投放提高广告效果

---

## 第 11 页：个性化营销策略设计
- 基于 DeepSeek 数据制定个性化方案
- 客户需求分析与定制化内容
- 营销自动化与个性化融合
```

---

## 第 12 页：自动化营销流程优化
- 营销自动化工具介绍
- DeepSeek 与自动化系统的集成
- 优化营销响应速度与操作效率

---

## 第 13 页：实时数据监控与反馈
- 实时监控的重要性及实施方法
- 数据反馈机制与策略调整
- 利用实时数据优化营销活动

---

## 第 14 页：成功案例分享
- 国内外应用 DeepSeek 增效的成功案例
- 案例背景、实施过程及成果展示
- 经验总结与启示

---

## 第 15 页：ROI 提升与成本控制
- 如何量化营销增效的 ROI
- 数据驱动下的成本控制策略
- 投资回报分析与优化建议

```
---

## 第 16 页：跨平台整合营销策略
- 多平台数据整合与协同营销
- 全渠道营销策略及效果提升
- 统一数据平台的重要性

---

## 第 17 页：风险管理与数据安全
- 营销数据风险与防控措施
- 数据安全与隐私保护策略
- 合规性要求与风险管理实践

---

## 第 18 页：未来趋势与技术展望
- AI、大数据在营销中的新应用
- DeepSeek 未来的发展方向
- 技术趋势对营销效率提升的影响

---

## 第 19 页：互动讨论与 Q&A
- 设计现场互动讨论环节
- Q&A 安排与用户反馈收集
- 后续改进与深化应用探讨

---
```

## 第 20 页：总结与行动计划
- 核心内容回顾与要点总结
- 落地实施的步骤与行动计划
- 资源推荐与获取后续支持的联系方式

DeepSeek 根据提示词中设置的规则提供了一份详细的 PPT 大纲。这不仅节省了时间，还确保了内容以专业的方式呈现，之后可以将大纲导入 PPT 生成工具中，轻松制作出标准的培训 PPT。这种方法使内容生产的效率大幅提升，我们不再重复劳动，只需专注于修改与优化内容，确保最终展示效果。

我们将 DeepSeek 生成的 Markdown 格式的大纲导入 AiPPT，如图 7-15 所示。

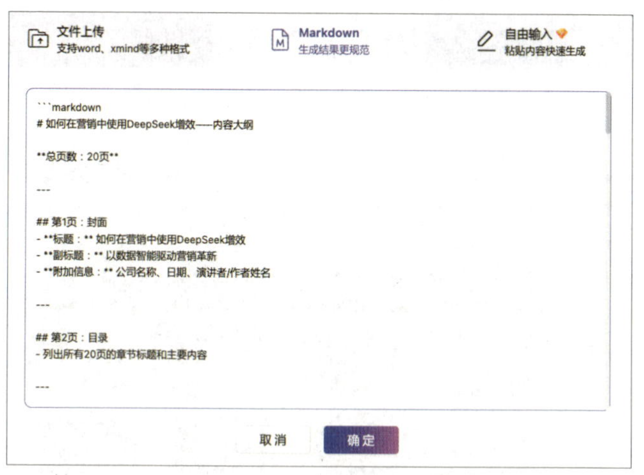


图 7-15　导入 Markdown 格式的大纲

单击“确定”按钮后生成符合 AiPPT 制作要求的大纲，如图 7-16 所示。

对大纲进行修改与优化后，单击“挑选 PPT 模板”按钮，AI 就会根据大纲生成多种 PPT 模板，如图 7-17 所示。

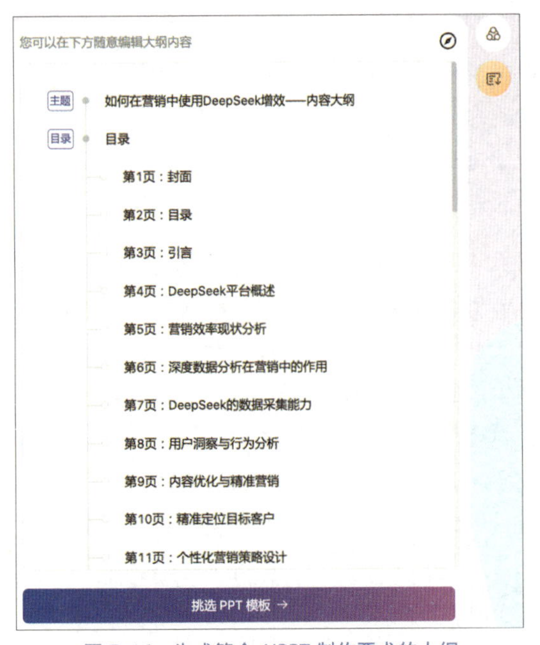


图 7-16 生成符合 AiPPT 制作要求的大纲

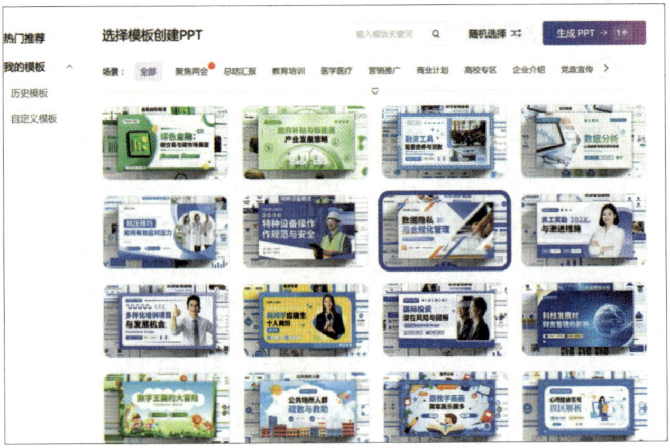

图 7-17 选择模板创建 PPT

选择符合要求的模板后，单击图 7-17 所示页面右上角的“生成 PPT”，稍等片刻，就可以看到生成好的 PPT，如图 7-18 所示。

YOUR LOGO
20XX
如何在营销中使用
DeepSeek增效——内容大
纲
汇报人：AiPPT 时间：20XX.X

图 7-18 生成好的 PPT

生成的 PPT 还支持单页修改，单击图 7-19 所示页面中的“去编辑”按钮，进入修改页面，如图 7-20 所示。

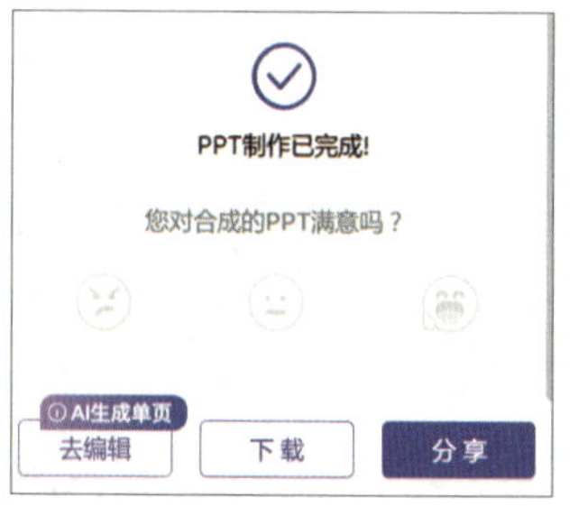

图 7-19 PPT 生成后的功能页面

读者根据需要可以对页面内的任何元素进行修改、替换和删除。

使用 DeepSeek，我们能快速生成详细的 PPT 大纲；使用 AiPPT，我们能根据大纲快速生成 PPT，这显著提升了培训资料的制作效率。

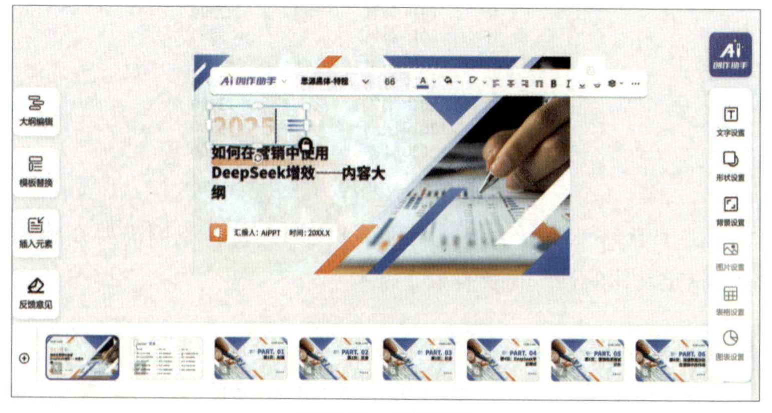

图 7-20 修改页面

## 7.3 DeepSeek+Excel：助力表格处理

在日常办公中，我们常常需要处理各类表格。虽然基础操作轻而易举，但一旦涉及复杂的计算公式，难免让人感到束手无策。DeepSeek 对此得心应手：只需用自然语言描述需求，它便能自动生成精准的 Excel 公式；而对于更为复杂的业务场景，它甚至能输出定制的 VBA 脚本（VBA 作为 Office 内置的编程语言，可实现各类个性化定制功能）。

例如，我们需要快速计算平均工资，可以直接向 DeepSeek 咨询。示例工资表如图 7-21 所示。

|  | A | B | C | D |
|---|---|---|---|---|
| 1 | 序号 | 工号 | 姓名 | 实际发放工资 |
| 2 | 1 | 2001 | 王强 | 8500 |
| 3 | 2 | 2002 | 李娜 | 17000 |
| 4 | 3 | 2003 | 张伟 | 22000 |
| 5 | 4 | 2004 | 刘洋 | 7000 |
| 6 | 5 | 2005 | 陈静 | 9200 |
| 7 | 6 | 2006 | 赵磊 | 10800 |
| 8 | 7 | 2007 | 孙丽 | 12500 |
| 9 | 8 | 2008 | 周杰 | 15200 |
| 10 | 9 | 2009 | 吴敏 | 10000 |
| 11 | 10 | 2010 | 郑华 | 13500 |
| 12 | 11 | 2011 | 冯涛 | 8800 |
| 13 | 12 | 2012 | 何梅 | 17200 |
| 14 | 13 | 2013 | 刘波 | 21200 |
| 15 | 14 | 2014 | 陈晨 | 7500 |
| 16 | 15 | 2015 | 杨帆 | 9500 |
| 17 | 16 | 2016 | 赵雪 | 11000 |
| 18 | 17 | 2017 | 孙鹏 | 12800 |
| 19 | 18 | 2018 | 周敏 | 15400 |
| 20 | 19 | 2019 | 吴刚 | 10200 |
| 21 | 20 | 2020 | 郑丽 | 13700 |

图 7-21 示例工资表

由于 DeepSeek 暂时不支持 Excel 文档上传，我们需要在提示词中指定具体的行、列及需求。

**输入提示词：**

在一个 Excel 表格中，我希望对 D 列数据进行求平均值操作，请帮我编写相应的 Excel 公式解决这个问题。

**DeepSeek 回复：**

你可以直接在单元格中输入下面这个公式来计算D列的平均值：

=AVERAGE(D:D)

任选一个空格，将 DeepSeek 给的公式应用到 Excel 中，如图 7-22 所示。

fx =AVERAGE(D:D)

| | B | C | D | E |
|---|---|---|---|---|
| | 工号 | 姓名 | 实际发放工资 | =AVERAGE(D:D) |
| 1 | 2001 | 王强 | 8500 | |
| 2 | 2002 | 李娜 | 17000 | |
| 3 | 2003 | 张伟 | 22000 | |
| 4 | 2004 | 刘洋 | 7000 | |
| 5 | 2005 | 陈静 | 9200 | |
| 6 | 2006 | 赵磊 | 10800 | |
| 7 | 2007 | 孙丽 | 12500 | |
| 8 | 2008 | 周杰 | 15200 | |
| 9 | 2009 | 吴敏 | 10000 | |
| 10 | 2010 | 郑华 | 13500 | |
| 11 | 2011 | 冯涛 | 8800 | |
| 12 | 2012 | 何梅 | 17200 | |
| 13 | 2013 | 刘波 | 21200 | |
| 14 | 2014 | 陈晨 | 7500 | |
| 15 | 2015 | 杨帆 | 9500 | |
| 16 | 2016 | 赵雪 | 11000 | |
| 17 | 2017 | 孙鹏 | 12800 | |
| 18 | 2018 | 周敏 | 15400 | |
| 19 | 2019 | 吴刚 | 10200 | |
| 20 | 2020 | 郑丽 | 13700 | |

图 7-22　输入 DeepSeek 给的公式

按回车键即可生成结果，如图 7-23 所示。

E1 fx =AVERAGE(D:D)

| | A | B | C | D | E |
|---|---|---|---|---|---|
| 1 | | 工号 | 姓名 | 实际发放工资 | 12650 |
| 2 | 1 | 2001 | 王强 | 8500 | |
| 3 | 2 | 2002 | 李娜 | 17000 | |
| 4 | 3 | 2003 | 张伟 | 22000 | |

图 7-23　生成结果

这种对 DeepSeek 提问的方式能快速获取正确的 Excel 公式，同时 DeepSeek 还能解释公式的用法，让我们在实际操作中逐步掌握 Excel 技巧。

还可以增加难度，如下所示。

**输入提示词：**

统计D列中工资不低于10000元的员工人数，写出Excel公式。

**DeepSeek 回复：**

如果需要统计整个D列中工资大于等于10000元(即“不低于10000元”)的员工人数，可以使用以下公式：

=COUNTIF(D:D, “>=10000”)

任选一个单元格，将公式应用到Excel中，得到的结果如图7-24所示。

E1 | fx =COUNTIF(D:D, ">=10000")

| | A | B | C | D | E |
|---|---|---|---|---|---|
| 1 | | 工号 | 姓名 | 实际发放工资 | 14 |
| 2 | 1 | 2001 | 王强 | 8500 | |
| 3 | 2 | 2002 | 李娜 | 17000 | |

图 7-24 得到的结果

DeepSeek不仅可以自动优化公式、纠正数据错误，还能生成复杂的数据汇总报表，从而显著提高办公效率。无论你是刚入门的新手，还是需要应对海量数据的资深用户，DeepSeek都将成为你处理表格的得力助手。此外，它还能自动生成VBA脚本，为你的个性化办公需求提供全方位支持。

## 7.4 DeepSeek+MindMaster：助力生成思维导图

MindMaster是一款专为高效整理思路、提升学习和工作效率而设计的思维导图制作软件。MindMaster拥有超过100万的高质量思维导图模板，内容涵盖教育、职场、自我提升等多个领域，用户可以根据需求快速生成思维导图。

例如，我们想提炼文字内容并生成思维导图，可以执行以下操作。

首先，通过 DeepSeek 将文字整理成 Markdown 格式的文件。

**输入提示词：**

提炼下面的文章的重点，并以 Markdown 格式输出。

DeepSeek 为何与众不同？

DeepSeek 通过低成本、高效率和全开源策略，全方位颠覆传统 AI 格局。

低成本：DeepSeek-V3 模型的训练费用仅为 GPT-4o 的二十分之一。

高效率：仅用了两个月，耗资不足 600 万美元便打造出先进模型。

全开源策略：模型代码和架构全部开放共享，使研究者、开发者和企业能直接调用并进行二次开发。

正是依托这三大优势，DeepSeek 在推理、编码和数学等高难度任务中表现惊艳。第三方测试显示，DeepSeek-R1 模型在逻辑问题求解、数学运算和代码生成等方面均超越了同类的 GPT-4o 模型。

DeepSeek 的 MoE 架构优势

DeepSeek-R1 模型采用 Mixture of Experts（混合专家，MoE）架构，总参数量高达 6710 亿，而实际激活的参数仅为 370 亿。这种“专家网络”设计不仅保证了模型容量，还大幅降低了计算量。相比之下，GPT-4 估计拥有 1.6 万亿至 1.8 万亿参数，DeepSeek 的分片式设计显著节约了运营成本，同时保持了高准确度。对于国内外开发者而言，这无疑是“高性能 + 低门槛”的最佳选择。

DeepSeek 的双语优势：中英双优

除了引人瞩目的深度思考和链式推理（CoT）能力外，DeepSeek 的另一大亮点在于其全面优化的中英双语能力。与以英语为主的 OpenAI 不同，DeepSeek 可同时满足英文和中文需求，且在中文基准测试中表现尤为出色。对于国内用户而言，无论是学术、商业还是个人应用，母语支持使得操作更为便捷、自然。

**DeepSeek 回复：**

# DeepSeek 重点摘要

## 1. 独特优势
– **低成本**：DeepSeek–V3 模型训练费用仅为 GPT–4o 的二十分之一。
– **高效率**：仅用两个月，耗资不到 600 万美元打造先进模型。
– **全开源策略**：模型代码和架构全面开放，便于研究者、开发者和企业直接调用及二次开发。

## 2. MoE 架构优势
– **Mixture of Experts（MoE）架构**：
 – 总参数量高达 6710 亿，但实际激活的参数仅 370 亿。
 – 分片式设计显著降低计算量和运营成本，同时保持高准确度。
– 相比 GPT–4（估计参数量 1.6 万亿～1.8 万亿），为开发者提供了“高性能 + 低门槛”的最佳选择。

## 3. 双语优势：中英双优
– **中英文能力全面优化**：
 – 不仅具备深度思考和链式推理（CoT）能力，还在中文基准测试中表现尤为出色。
 – 为国内用户在学术、商业及个人应用场景中提供更便捷、自然的使用体验。

我们将 DeepSeek 生成的内容，保存成后缀为“.md”的本地文件。

然后，开始制作思维导图。安装并打开 MindMaster，选择“新建”，单击“文件导入”，弹出如图 7–25 所示的界面。

图 7-25　文件导入界面

单击图 7-25 中的“选择文件”按钮，将保存好的 Markdown 文件导入，MindMaster 就会根据该文件自动生成思维导图，如图 7-26 所示。

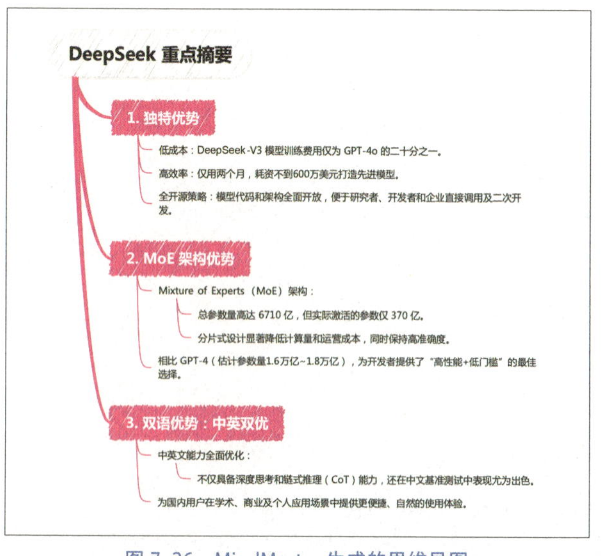


图 7-26　MindMaster 生成的思维导图

将 DeepSeek 与 MindMaster 组合使用，既发挥了 AI 强大的内容生成能力，又利用了专业思维导图制作软件的直观展示优势，使整个思维整理和表达过程变得更加高效、精准和便捷。MindMaster 也集成了 DeepSeek-R1 大模型，具备智能生成和优化思维导图的功能（需要收费），读者可以根据需要灵活使用。

# 第 8 章 DeepSeek+智能助手

本章基于 DeepSeek 与各类平台的深度融合，构建多功能的对话交互系统和 AI 智能体。本章首先介绍如何通过整合 DeepSeek 与开源 Chatbox 平台，打造覆盖多场景的 AI 对话交互系统。随后，讲解 DeepSeek 在企业协作平台（飞书）中的应用（如自动解读经典名著），以及在智能助手平台（扣子）中搭建微信智能客服、在 PyCharm 环境下实现 AI 辅助编程的实践案例。通过这些内容，读者将全面掌握如何利用 DeepSeek 的先进能力，构建并部署适用于不同业务场景的智能交互与自动化系统，推动 AI 技术在实际工作中的广泛应用。

## 8.1 DeepSeek+Chatbox：构建 AI 助手

本节介绍如何将 DeepSeek 的先进技术与 Chatbox AI（简称 Chatbox）平台相结合，构建出功能强大的 AI 助手，满足多样化的业务需求。

### 8.1.1 Chatbox 简介

Chatbox 是一款开源的 AI 对话桌面应用，专为 AI 大模型设计，官网如图 8-1 所示。

图 8-1 Chatbox 官网

Chatbox 旨在为用户提供一个简单易用的界面，方便用户与多种先进模型（如 GPT、DeepSeek、Gemini 等）进行交互。其主要特点如下。

- 多模型支持：支持 DeepSeek、GPT、Claude、Gemini 等多种主流大模型，用户可以根据任务需求灵活切换。
- 本地数据存储：所有聊天记录和提示词数据均存储在本地，以避免在线服务数据丢失的风险。
- 提示词调试与管理：提供强大的提示词设计、调试和管理功能，帮助用户更好地操作大模型。
- 全平台支持：支持 Windows、macOS 和 Linux 系统，并提供安装包，无须复杂部署。
- 功能丰富：包括 Markdown 支持、消息引用、字数与 token 估算、夜间模式、代码块复制等。

- 开源与免费：项目完全开源，用户可以自由下载、使用和贡献代码。

## 8.1.2 如何使用 Chatbox

本节讲解如何在 Chatbox 中完成 DeepSeek 的配置和使用。

### 1. 下载与安装

前往 Chatbox 的 GitHub 仓库（GitHub 的 Bin-Huang/Chatbox 库）或 Chatbox 官网，根据操作系统选择并下载对应的安装包。Chatbox 支持所有的主流操作系统，其中计算机操作系统包括 Windows、macOS 和 Linux，移动操作系统包括 iOS 和 Android。也可以直接使用网页版 Chatbox。

下载完成后，按照安装向导完成安装。安装包会自动配置所需环境，用户无须手动部署。

### 2. 配置与使用

打开安装好的 Chatbox，进入设置页面，单击“Use My Own API Key/Local Model”（使用我自己的 API 密钥 / 本地模型）按钮，如图 8-2 所示。

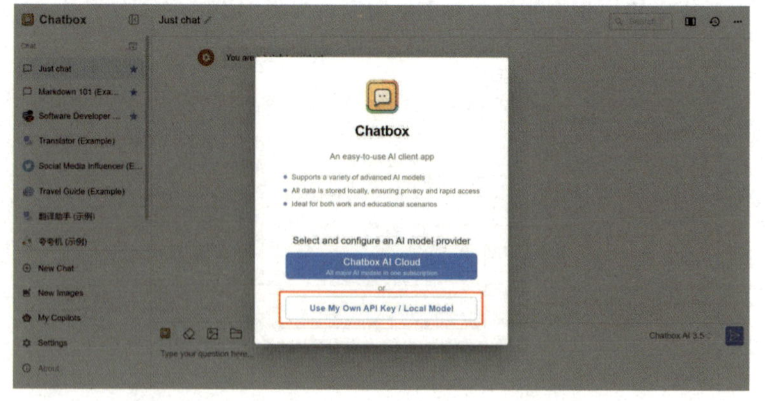


图 8-2 选择模型提供方

在弹出的窗口中选择模型提供方，如 DeepSeek API，然后输入 DeepSeek API 密钥（获取方式详见 4.2 节），模型选择“deepseek-reasoner”，保存配置即可开始使用，如图 8-3 所示。

图 8-3 配置模型

## 输入提示词：

什么是人工智能产业？

DeepSeek 的回复，如图 8-4 所示。

读者可以根据需要在对话框中输入更多内容。

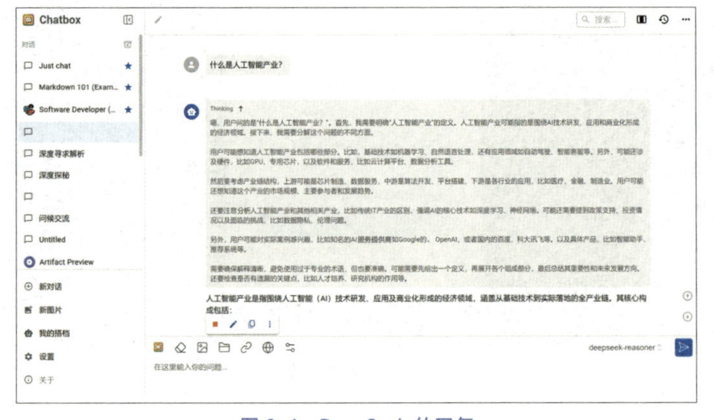


图 8-4 DeepSeek 的回复

### 8.1.3 创建多功能 AI 助手

选择 Chatbox 左侧边栏中的“我的搭档”，如图 8-5 所示。

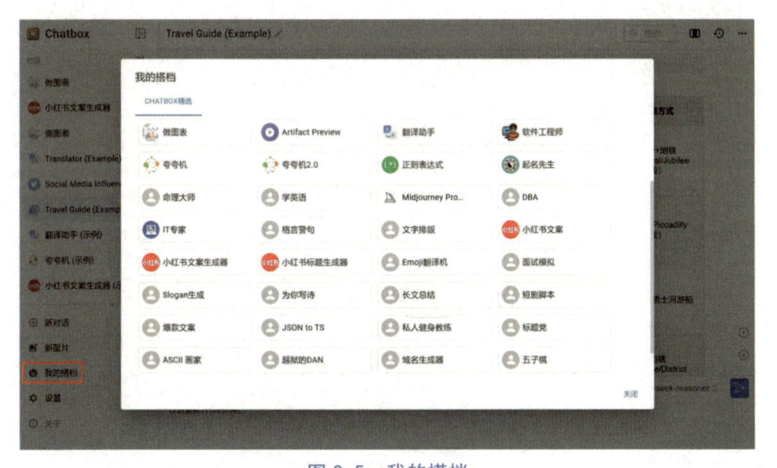


图 8-5 我的搭档

Chatbox 通过整合多个“AI 搭档”，实现了智能助手的功能。用户可以根据需求使用和个性化自定义“AI 搭档”。更专业地处理语言翻译、内容创作、代码生成等多种任务。

#### 1. 绘制图表

在“我的搭档”窗口里选择“做图表”，然后在输入框内输入图表的内容及要求。Chatbox 支持绘制流程图、序列图、类图、状态图、实体—关系图、用户旅程、甘特图、饼图、象限图、需求图、Git 图、C4 图、思维导图、时间线、ZenUML 图、Sankey 图、XYChart、框图等。

输入绘制内容，并要求以流程图形式输出，如图 8-6 所示。

输入绘制内容，并要求以思维导图形式输出，如图 8-7 所示。

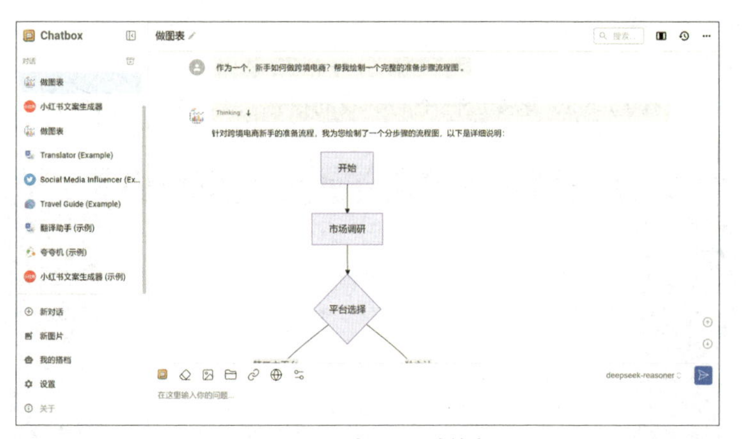


图 8-6 以流程图形式输出

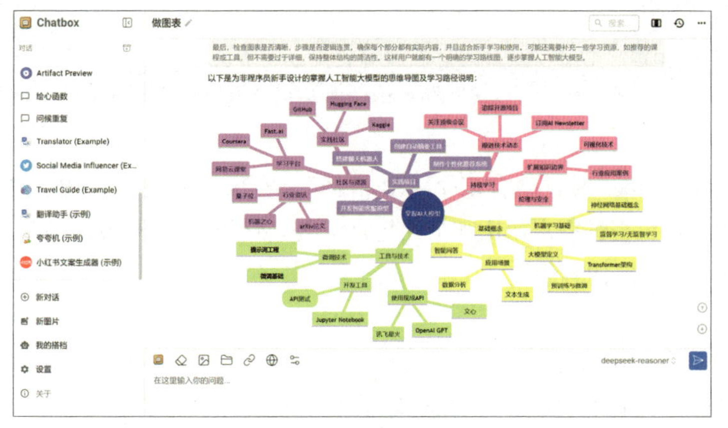


图 8-7 以思维导图形式输出

输入绘制内容，并要求以时间线形式输出，如图 8-8 所示。

读者根据上述使用方式可以创建不同图表。

## 2. 编写代码

在“我的搭档”窗口里选择“Artifact Preview”后，在输入框内输入想要实现某种需求的代码要求，如图 8-9 所示。例如：“帮我写一段绘制爱心的代码，并运行。”生成的代码运行的结果如图 8-10 所示。

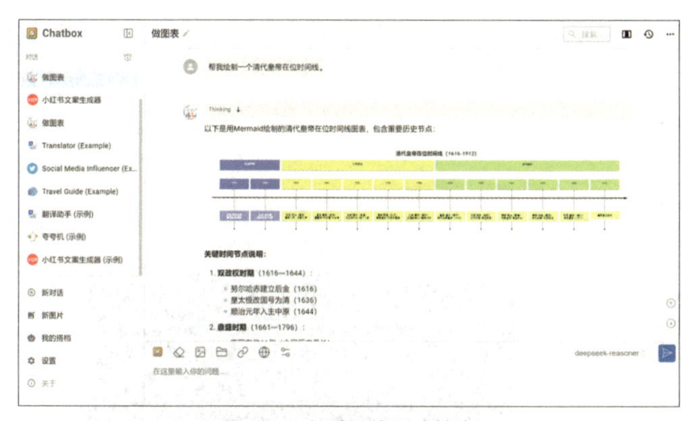


图 8-8　以时间线形式输出

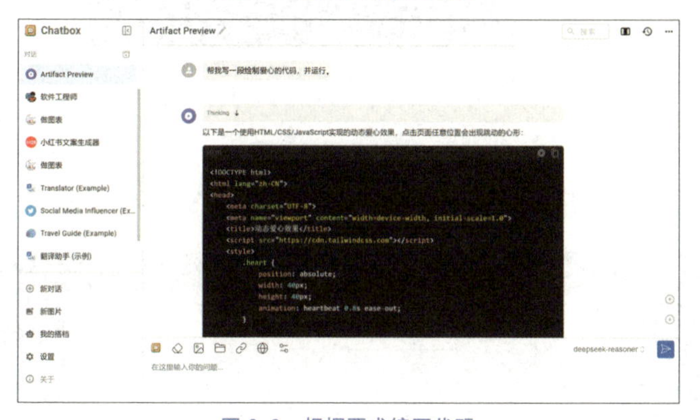


图 8-9　根据要求编写代码

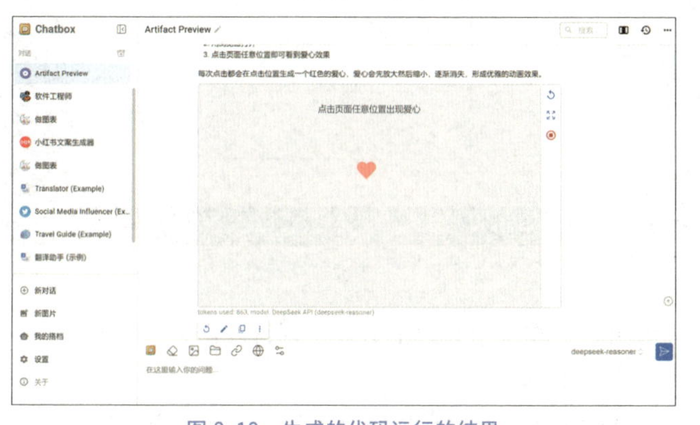


图 8-10　生成的代码运行的结果

还可以用 Artifact Preview 制作游戏，以编写贪吃蛇游戏为例，如图 8-11 所示。

图 8-11　编写贪吃蛇游戏

代码运行后，生成贪吃蛇游戏，如图 8-12 所示。

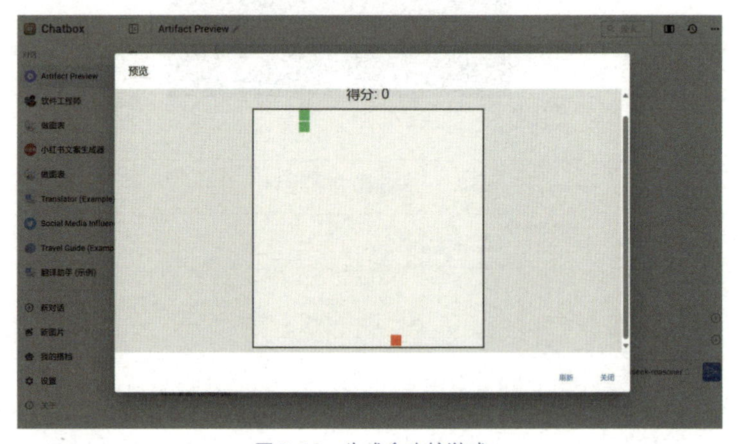


图 8-12　生成贪吃蛇游戏

读者可以根据本节介绍的方式生成许多游戏。

### 3. 生成自媒体文案

在“我的搭档”窗口里选择“小红书文案生成器”，然后在输入

框内输入你想要生成的自媒体文案的主题及要求，如图 8-13 所示，即可生成小红书方案。

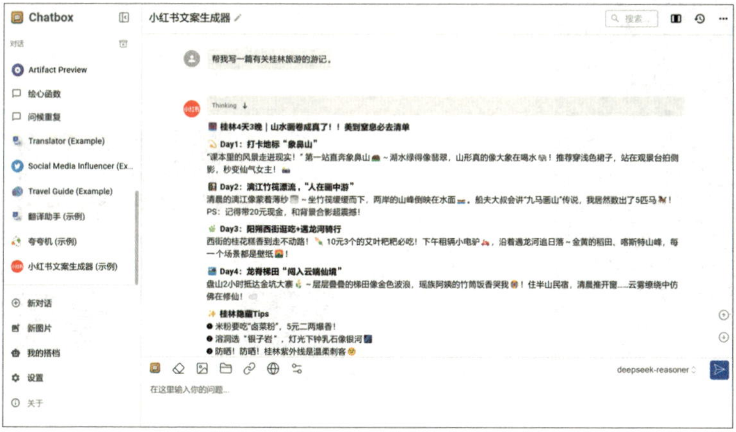

图 8-13　生成自媒体文案

## 8.2　DeepSeek + 飞书：快速解读 100 本名著

飞书是一款高效协作平台，它不仅支持即时通信、在线文档、云存储、视频会议和日程管理等多种功能，还实现了跨平台的无缝协作。借助飞书的多维表格，DeepSeek 开启了一个由 AI 驱动的全流程自动化数据分析新时代。

### 8.2.1　配置飞书

下面我们以分析经典名著为例，来展示“DeepSeek+ 飞书”这一创新方案的实际应用。

首先，打开飞书，进入工作台，单击“多维表格”→“新建多维表格”，如图 8-14 所示。

在新创建的多维表格中，右击不需要的列，然后单击“删除字段 / 列”，将其删除，如图 8-15 所示。

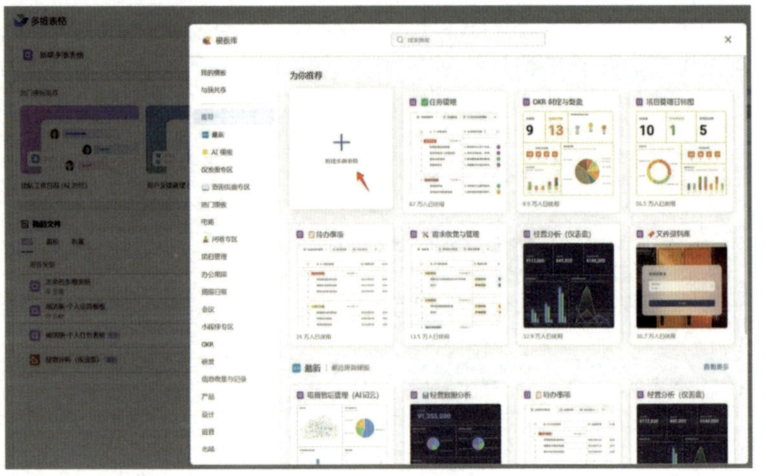


图 8-14 新建多维表格

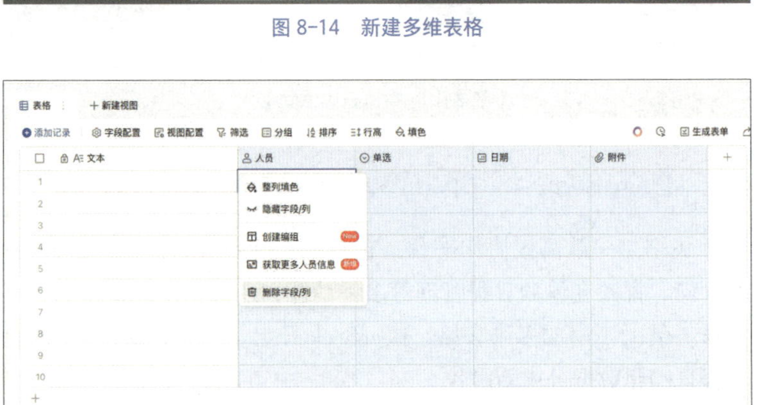


图 8-15 删除不需要的列

只留下一列，将表头改为“提示词”，随后在该列输入读者希望 DeepSeek 分析的名著，如图 8-16 所示。

接着单击该列右侧的加号（+），添加第二列数据，在“字段类型”中搜索“DeepSeek”，并选择“DeepSeek R1”，如图 8-17 所示。

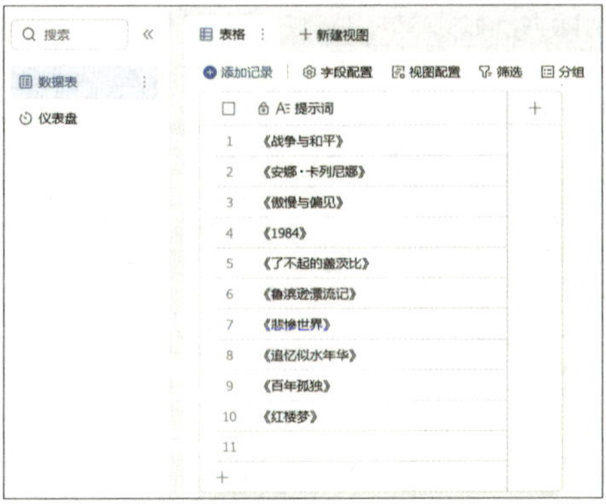

图 8-16 添加第一列数据

图 8-17 添加第二列数据

单击“确定”按钮，完成配置。

## 8.2.2 配置 DeepSeek

选择 DeepSeek R1 模型后，在窗口的下面找到“配置”部分，在“选择指令内容”下拉列表中选择第一列的标题（此处为“提示词”），这样 DeepSeek 就知道该从哪一列获取输入。另外，需要在“自定义要求”文本框中填写提示信息，以便 AI 根据详细需求生成

回复，如图 8-18 所示。

图 8-18　填写“自定义要求”

单击“确定”按钮，在弹出的对话框中单击“生成”，这时多个 DeepSeek 实例会开始工作，如图 8-19 所示。

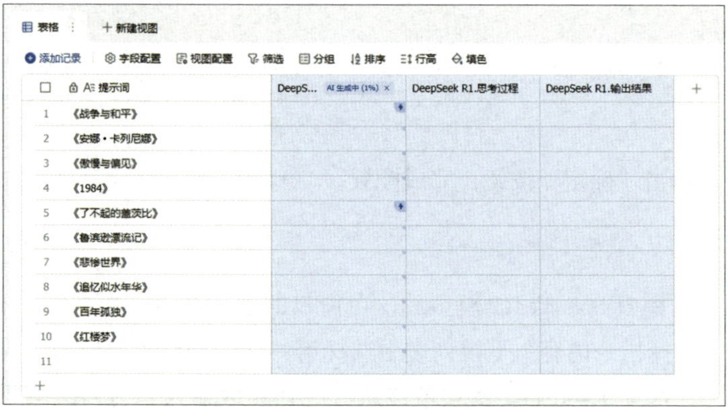

图 8-19　DeepSeek 实例开始工作

最终，AI 生成的结果会自动添加到后续的两列——“DeepSeek R1. 思考过程”和“DeepSeek R1. 输出结果”中，如图 8–20 所示。

表格 ⋮ + 新建视图

添加记录 | 字段配置 视图配置 筛选 分组 排序 行高 填色

|  | 提示词 | DeepSeek R1 | DeepSeek R1.思考过程 | DeepSeek R1.输出结果 |
|---|---|---|---|---|
| 1 | 《战争与和平》 | 好的，我现在需要... | 好的，我现在需要帮用... | ### 跨时空的开场：拿... |
| 2 | 《安娜·卡列尼娜》 | 好的，用户让我以... | 好的，用户让我以顶尖... | **跨时空的开场：十九... |
| 3 | 《傲慢与偏见》 | 嗯，用户让我以顶... | 嗯，用户让我以顶尖书... | **跨时空的开场** 站在... |
| 4 | 《1984》 | 好的，用户让我以... | 好的，用户让我以顶尖... | **跨时空的开场** 站在... |
| 5 | 《了不起的盖茨比》 | 好的，我现在需要... | 好的，我现在需要处理... | **跨时空的开场：爵士... |
| 6 | 《鲁滨逊漂流记》 | 好的，用户让我以... | 好的，用户让我以顶尖... | ### **跨时空的开场：... |
| 7 | 《悲惨世界》 | 嗯，用户让我以顶... | 嗯，用户让我以顶尖书... | **跨时空的开场** 站在... |
| 8 | 《追忆似水年华》 | 好的，用户让我以... | 好的，用户让我以顶尖... | **跨时空的开场：玛德... |
| 9 | 《百年孤独》 | 嗯，用户让我以顶... | 嗯，用户让我以顶尖书... | **跨时空的开场** 站在... |
| 10 | 《红楼梦》 | 好的，我需要为《... | 好的，我需要为《红楼... | ### 跨时空的开场：元... |
| 11 |  |  |  |  |

图 8–20　AI 生成的结果

另外，当我们将鼠标指针放在“提示词”列的任一单元格上时，会出现“查看”按钮，如图 8–21 所示。

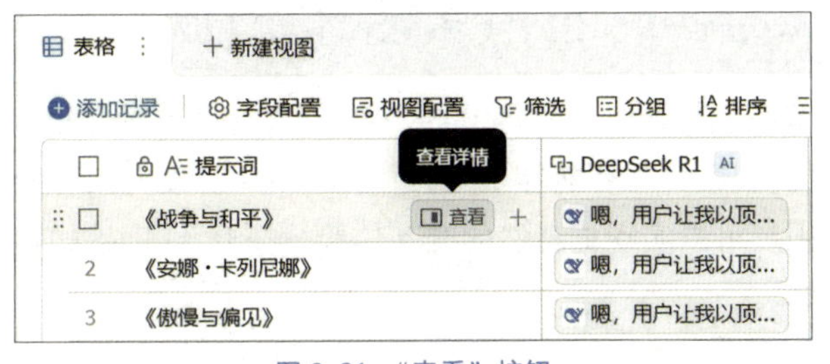


图 8–21　“查看”按钮

单击“查看”按钮，即可进入一个专为阅读设计的新页面，用于详细查看 DeepSeek 的思考过程和输出结果，如图 8–22 所示。

这种将多维表格和 DeepSeek 无缝结合的方法，不仅使每一列都成为一个独立的 AI 节点，每一行也构成了一条完整的 AI 工作流，而且各节点协同工作，极大地释放了 AI 的数据处理和决策支持的潜能。

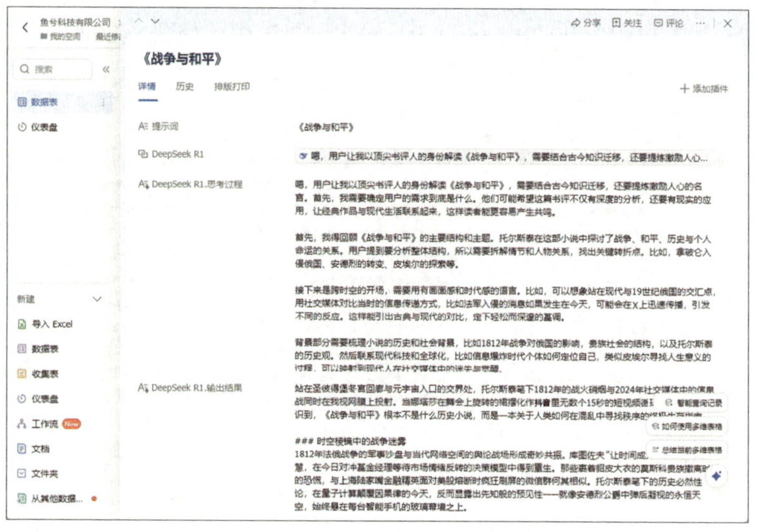


图 8-22 详细查看 DeepSeek 的思考过程和输出结果

## 8.3 DeepSeek + 扣子：搭建微信智能助手

本节我们将探讨如何将 DeepSeek 与智能助手平台相结合，构建高效的 AI 助手（智能体）。通过将 DeepSeek 集成到智能助手平台中，用户可以实现更自然的交互体验，提升 AI 助手的响应准确性和效率。

### 8.3.1 配置扣子和 DeepSeek

在开始搭建智能体之前，我们需要先进入扣子官网，如图 8-23 所示。

单击图 8-23 中所示的“登录”按钮，根据扣子的要求完成快速注册并登录后，进入操作界面，如图 8-24 所示。

图 8-23　扣子官网

图 8-24　扣子的操作界面

接下来就可以创建智能体了。单击图 8-24 所示界面左侧的菜单栏中的“+”选项，会弹出“创建”窗口，如图 8-25 所示。

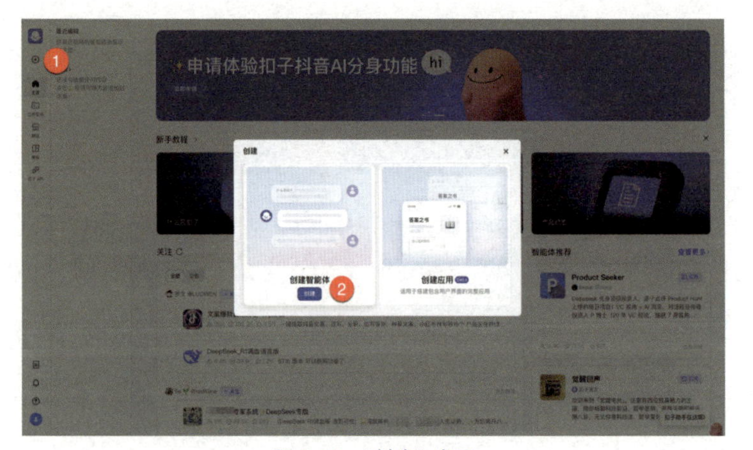


图 8-25 “创建”窗口

单击图 8–25 中所示的“创建”按钮，进入“创建智能体”界面，如图 8–26 所示。

图 8-26 “创建智能体”界面

在该界面填入智能体的相关信息，读者可根据需要填写信息。填写完这些信息后，单击“确认”按钮，一个属于你的智能体就初

步创建成功了，如图 8–27 所示。

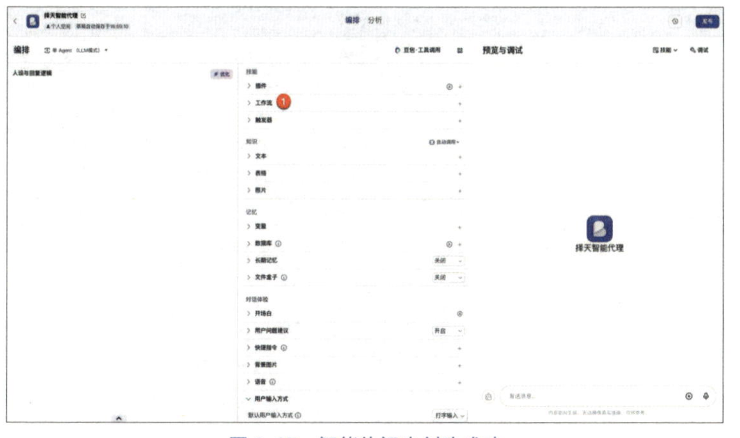


图 8–27 智能体初步创建成功

单击图 8–27 中标记❶处的“工作流”，然后单击“+”按钮添加工作流，如图 8–28 所示。

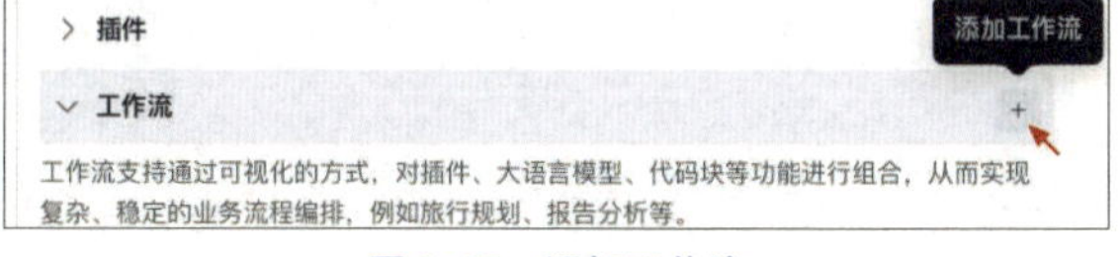


图 8–28 添加工作流

在新打开的界面中，单击“创建工作流”→“创建工作流”，如图 8–29 所示，进入相应界面，如图 8–30 所示。

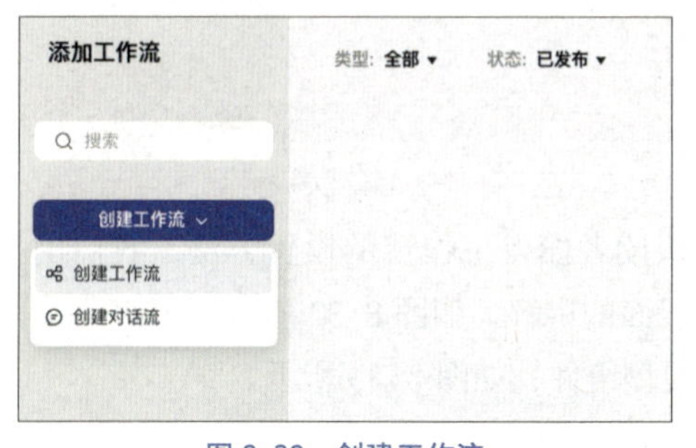


图 8–29 创建工作流

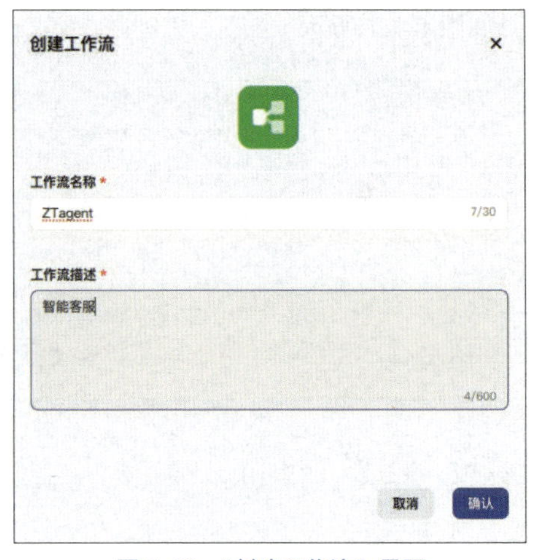


图 8-30 “创建工作流”界面

在图 8-30 所示的界面中填写工作流的相应信息，然后单击“确认”按钮，就能进入工作流设置界面，如图 8-31 所示。

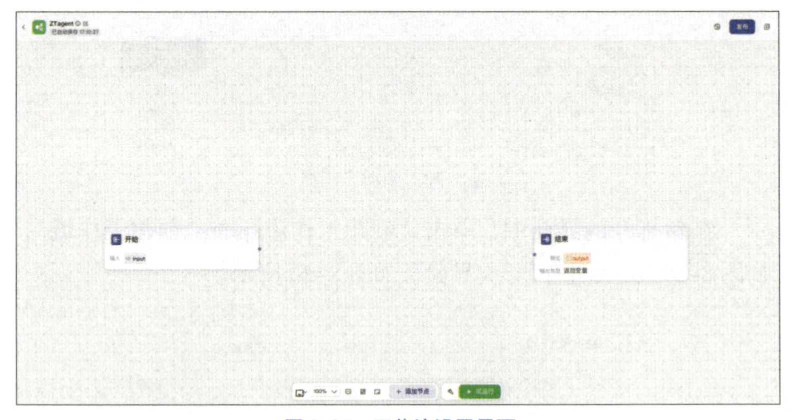


图 8-31 工作流设置界面

这里默认读者懂得工作流的设置方法，我们用提前创建好的 AI 助手继续后面的讲解，如图 8-32 所示。

选择大模型组件，如图 8-33 所示。

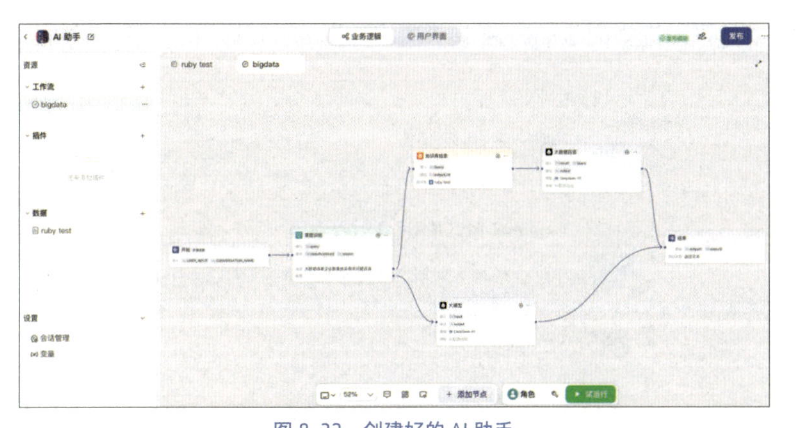


图 8-32 创建好的 AI 助手

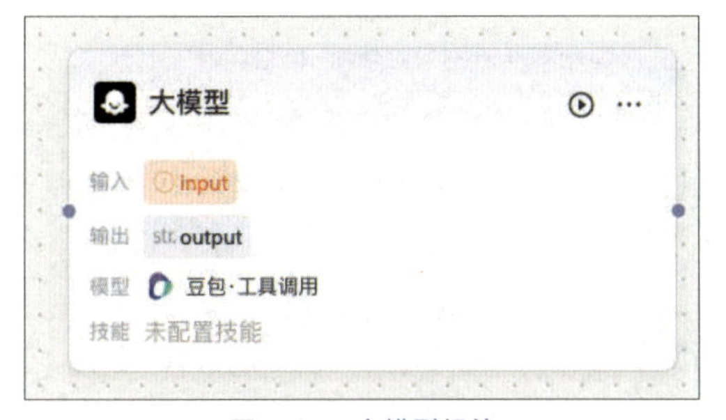


图 8-33 大模型组件

在右侧菜单栏单击“模型”，然后在下拉列表中选择需要的大模型，如图 8-34 所示。

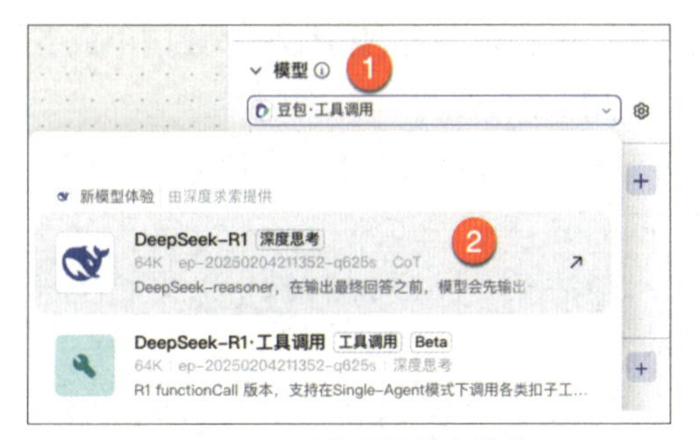


图 8-34 选择需要的大模型

可以选择的 DeepSeek 模型版本如图 8-35 所示。

新模型体验 | 由深度求索提供

DeepSeek-R1 深度思考
64K | ep-20250204211352-q625s | CoT
DeepSeek-reasoner，在输出最终回答之前，模型会先输出一段思…

DeepSeek-R1·工具调用 工具调用 Beta
64K | ep-20250204211352-q625s | 深度思考
R1 functionCall 版本，支持在Single-Agent模式下调用各类扣子工…

DeepSeek-V3 MoE 模型
64K | ep-20250204211414-ckw8d
DeepSeek-chat 模型已经升级为 DeepSeek-V3，能力和性能大幅…

DeepSeek-V3·工具调用 工具调用 Beta
64K | ep-20250204211414-ckw8d | MoE 模型
V3 functionCall 版本，支持在Single-Agent模式下调用各类扣子工…

DeepSeek-R1-Distill-Qwen-7B 深度思考
64K | ep-20250206162353-cf5kf | CoT
通过DeepSeek-R1 660B模型的推理蒸馏技术打造。在数学推理、…

DeepSeek-R1-Distill-Qwen-32B 深度思考
64K | ep-20250206162425-t5m5w | CoT
通过DeepSeek-R1 660B模型的推理蒸馏技术打造；在数学推理、…

DeepSeek·3 限额使用 代码专精
31K | deepseek-chat | Json 输出 | functionCall
当前使用人数较多，服务不稳定，若遇到调用失败等问题可切换模型

图 8-35 可以选择的 DeepSeek 模型版本

不同版本的模型在性能和应用场景上有一定的区别，我们选择 DeepSeek-R1 后，就完成了 DeepSeek 模型配置。

最后只需将上面搭建好的智能体发布成应用或者微信订阅号，AI 助手就可以使用了。

切换到用户界面，在左侧菜单栏选择最简单的 AI 组件“AI 对话”，如图 8-36 所示。

在右侧的“对话流”下拉列表中选中要发布的 AI 助手的名称，如图 8-37 所示。

单击“发布”按钮，可以发布到扣子商店中，如图 8-38 所示。

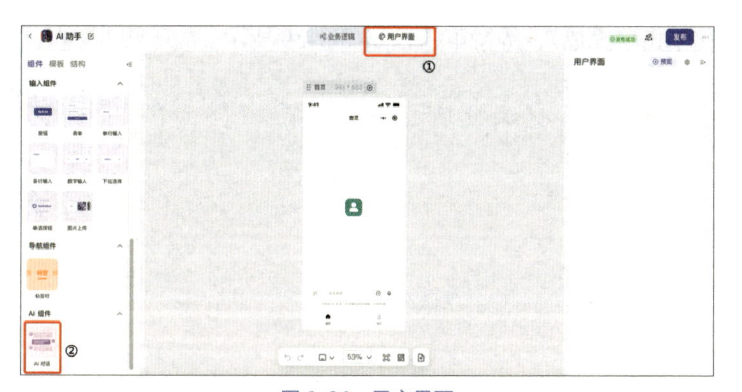


图 8-36 用户界面

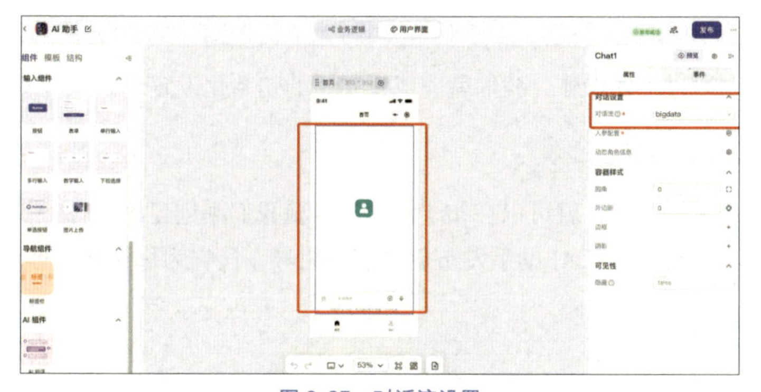


图 8-37 对话流设置

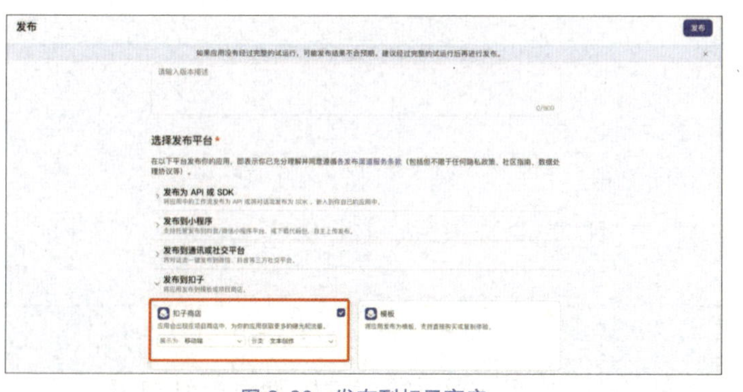


图 8-38 发布到扣子商店

单击“完成”，等待审核，如图 8-39 所示。

图 8-39 等待审核

通过上述操作，我们就完成了扣子的初始化设置。

## 8.3.2 绑定公众号

审核通过，就可以在扣子商店中体验我们刚创建的 AI 助手了。另外，也可以将 AI 助手发布成微信订阅号，让它为你做智能客服，如图 8-40 所示。

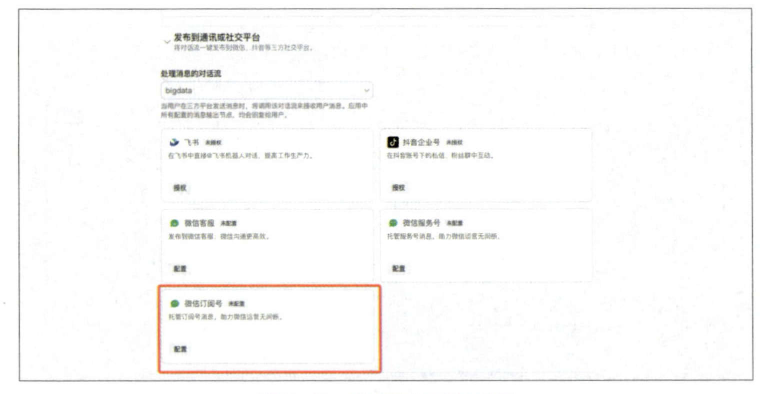


图 8-40 发布成微信订阅号

在新打开的界面中输入开发者 ID，如图 8-41 所示。

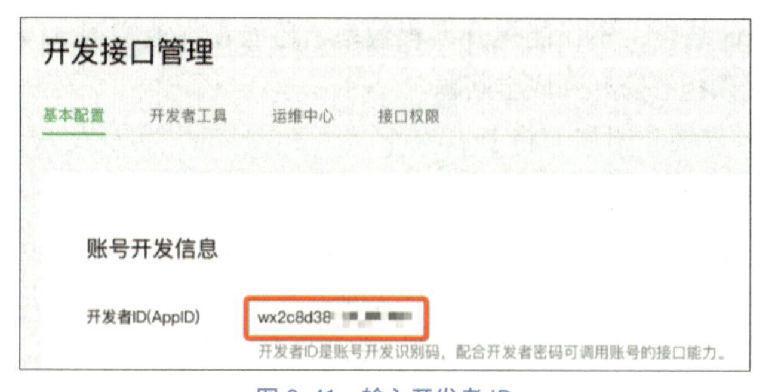


图 8-41 输入开发者 ID

然后按要求配置微信公众号，如图 8-42 所示。

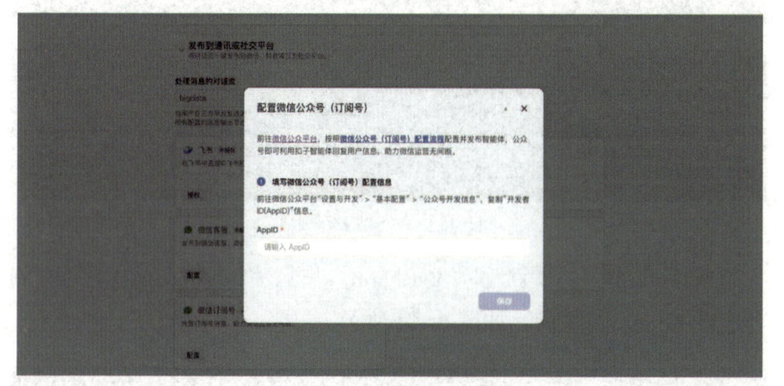


图 8-42 配置微信公众号

单击“保存”之后，AI 助手就能回复公众号上的消息。当然，如果 AI 助手可以访问知识库，则会根据问题给出专业的回答。

## 8.4 DeepSeek+PyCharm 编程

PyCharm 是由 JetBrains 开发的功能强大的 Python 集成开发环境（IDE），专为 Python 开发而设计。它提供智能代码补全、代码调试、版本控制、系统集成、单元测试以及项目管理等多种便捷功能，能够大幅提升开发效率。无论是初学者还是资深开发者，都能从其直观的用户界面和丰富的插件生态中获益。将 DeepSeek 与

PyCharm 结合，不仅能提升编程效率，还能在本地实现 AI 辅助编程，无须担心隐私和成本问题。

本节将介绍如何将 DeepSeek 接入 PyCharm，实现高效、智能的 AI 编程。

本节演示中笔者使用的是 PyCharm 2023.1、Python 3.9.16。

打开 PyCharm 软件，单击“File”→“Settings”→“Plugins”，搜索“Continue”，单击“Install”按钮安装，如图 8-43 所示。

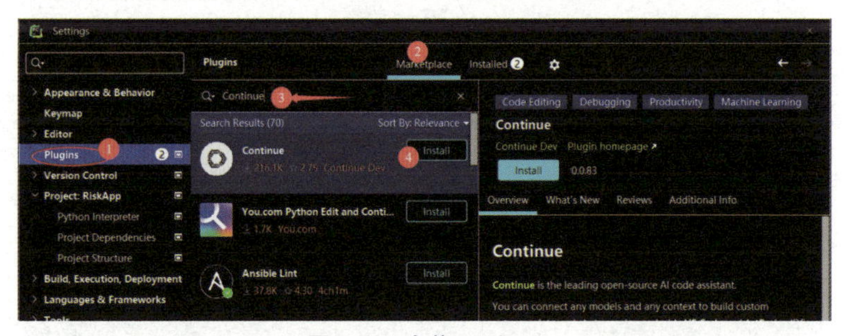


图 8-43 安装 Continue

安装完成后，重新启动 PyCharm。重启完成后，在编辑器右侧会出现 Continue 图标，如图 8-44 所示。

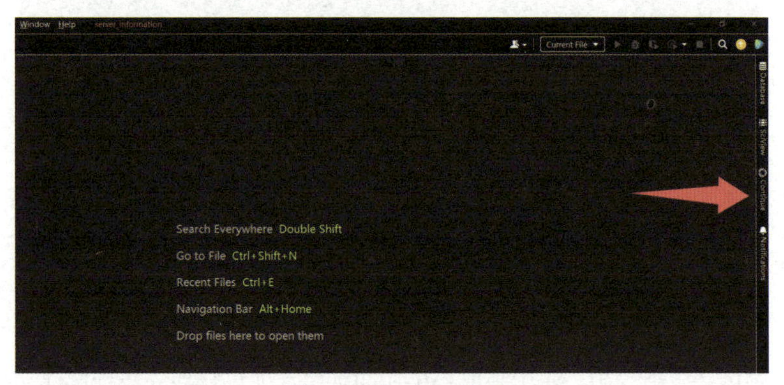


图 8-44 Continue 图标

单击 Continue 图标，进入配置界面，选择“Claude 3.5 Sonnet”，

再单击“Add Chat model”，如图 8-45 所示。

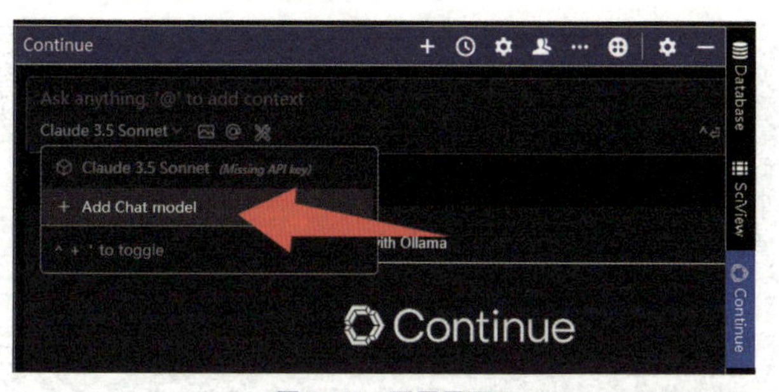


图 8-45　配置界面

在“Add Chat model”窗口中，把 Provider 项选择为 DeepSeek，Model 项选择为 DeepSeek Coder，填写 API key（获取方式详见 4.2 节），如图 8-46 所示。

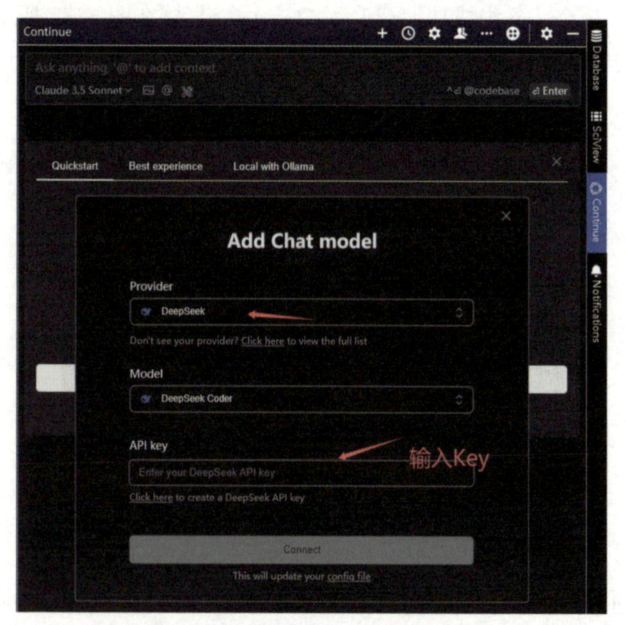


图 8-46　“Add Chat model”窗口

最后单击图 8-46 所示窗口下方的“Connect”按钮，即可看到

加载成功提示，如图 8–47 所示。

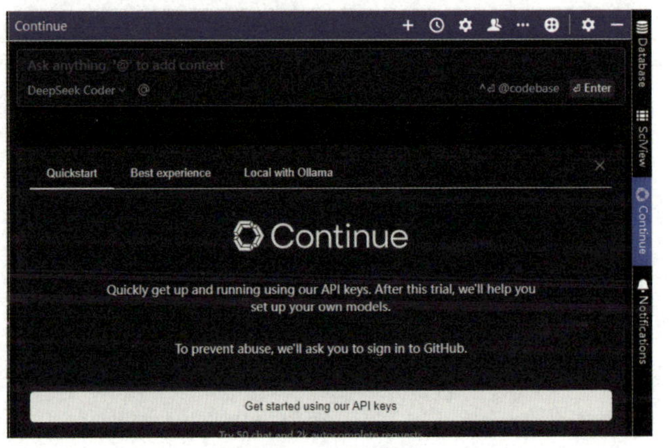


图 8-47 加载成功

在 PyCharm 中成功加载 DeepSeek 后，直接在图 8–47 所示窗口上方的输入框中输入内容：

你是基于什么模型的

按下 Enter 键，等待片刻，DeepSeek 给出回复内容，如图 8–48 所示。这表示加载 DeepSeek 成功。

图 8-48 DeepSeek 回复内容

需要任何程序代码，我们都可以通过输入框，让 DeepSeek 生成相应的代码。

**图书在版编目（CIP）数据**

妙用 DeepSeek ：创意落地速通指南 / 李艮基，曹方咏峥，肖灵儿编著. -- 北京 ：人民邮电出版社，2025.
ISBN 978-7-115-66909-4

Ⅰ. TP18

中国国家版本馆 CIP 数据核字第 2025BJ2198 号

## 内 容 提 要

在人工智能技术快速发展的时代，DeepSeek 作为国产自研的高性能 AI 模型，在多领域得到广泛应用。本书是关于 DeepSeek 的实践指南，分为基础认知、开发实战、高能应用 3 篇。基础认知篇介绍 DeepSeek 的核心功能、使用方法与对话技巧；开发实战篇讲解 DeepSeek API 的申请与使用，以及部署方法；高能应用篇展示 DeepSeek 在多媒体生成、办公软件、智能助手方面的应用。本书内容由浅入深，涵盖从基础概念到技术实操，再到多场景应用，全面、系统且实用。

本书适合想要尽快上手 DeepSeek 的初学者、希望利用其提升工作效率的职场人士、对部署模型感兴趣的技术爱好者，以及需要将 AI 创意方案落实到多种应用场景的创意工作者阅读。

◆ 编　著　李艮基　曹方咏峥　肖灵儿
　责任编辑　卜一凡
　责任印制　王　郁　焦志炜

◆ 人民邮电出版社出版发行　　北京市丰台区成寿寺路 11 号
　邮编　100164　　电子邮件　315@ptpress.com.cn
　网址　https://www.ptpress.com.cn
　北京瑞禾彩色印刷有限公司印刷

◆ 开本：880×1230　1/32
　印张：4.25　　2025 年 4 月第 1 版
　字数：83 千字　　2025 年 4 月北京第 1 次印刷

定价：49.80 元

读者服务热线：(010)81055410　印装质量热线：(010)81055316
反盗版热线：(010)81055315

# 妙用 DeepSeek 创意落地速通指南

李艮基　曹方咏峥　肖灵儿◎编著

人民邮电出版社
北京